女子服饰
时尚风潮

美了千年

宋子美——著

SPM 南方传媒　广东人民出版社
·广州·

图书在版编目（CIP）数据

美了千年：女子服饰时尚风潮 / 宋子美著.

广州：广东人民出版社，2025.2. —（万有引力书系）.

ISBN 978-7-218-18243-8

Ⅰ. TS941.742.2-49

中国国家版本馆CIP数据核字第20242ZF335号

MEI LE QIANNIAN: NÜZI FUSHI SHISHANG FENGCHAO

美了千年：女子服饰时尚风潮

宋子美　著

出　版　人：肖风华

责任编辑：黄炜芝

特约编辑：李　佳　刘禹晨

插画设计：绯园画姬

封面设计：王媚设计工作室

责任技编：吴彦斌

出版发行：广东人民出版社

地　　址：广州市越秀区大沙头四马路10号（邮政编码：510199）

电　　话：（020）85716809（总编室）

传　　真：（020）83289585

网　　址：http://www.gdpph.com

印　　刷：文畅阁印刷有限公司

开　　本：889毫米×1194毫米　1/32

印　　张：5　**字　　数**：90千

版　　次：2025年2月第1版

印　　次：2025年2月第1次印刷

定　　价：49.80元

如发现印装质量问题，影响阅读，请与出版社（020-85716849）联系调换。

售书热线：（020）87716172

目录

第壹章　衣始·自然之美，美在先秦

/ 002

第贰章　汉服·未央宫的内外

/ 016

第叁章　飘逸·乱世下的魏晋南北朝衣尚

/ 036

第肆章　大唐风华·遮蔽与袒露中的绚丽与奔放

/ 052

第伍章　宁静典雅·宋代女子服饰的花样年华

/ 076

第陆章　最炫民族风·辽金元时期的服饰华彩

/ 102

第柒章　大明华裳·传统服饰的再创新

/ 114

第捌章　"满"庭芳·堆砌的繁华与逝去的时尚

/ 134

后记

/ 150

清朝

宋朝

明朝

辽金元朝

唐朝

魏晋南北朝

先秦

汉朝

第壹章——

衣始

自然之美，美在先秦

手执鲜花与雉羽，若没有纷争，定当遗世独立。

在遥远的公元前21世纪，中国迎来了第一个王位世袭的国家——夏朝，原始社会的氏族公社解体，奴隶社会兴起。夏朝的第一位君主夏禹崇尚节俭，钟爱黑色。尽管夏、商时期的服饰实物并不为人所知，但从新石器晚期遗址中发现的蚕茧、麻和葛织物来看，夏代的服饰一直并未有太大变化，却已显现出了等级差别：贵族穿丝绸，平民阶层穿麻葛衣料。

进入奴隶社会，奴隶主称自己为天子，意味着代表上天治理人民。这标志着原始社会中对自然的崇拜开始转变为构建政治伦理的秩序和观念。同时，奴隶主与奴隶之间需要借助等级来维持内部秩序，从而产生了章服制度。

男性装饰多于女性装饰的母系社会时期

今天提及打扮，似乎更倾向于女性，但在母系社会并非如此。

山顶洞遗址中，共发现了141件装饰品，如各类穿孔的兽牙，但是能够拥有此类装饰品的多是男性。最初可能是狩猎后的纪念，随后发展成勇敢或胜利的象征。青年男子将这些物品作为装饰佩戴在身上。而遗址中还发现了少量细小穿孔的石珠，是属于女子的饰品，数量比男性饰品少很多。尸骨上遗留的赤铁矿粉也反映了当时男子衣饰并不比女性少。由于赤铁矿粉有颜色，现在认为极有可能用作装饰涂染。从出土的男女尸骨上来看，这种涂染在性别上没有差别。

随着母系社会的衰落，装饰开始更倾向于女性。但在山东大汶口遗址①中，头部戴有装饰品的还是以男性居多，同时还发掘出随葬品——随葬石铲、石斧等生产工具的主要是男性，而随葬纺轮的则主要是女性。这反映了男性开始居于生产的核心，而女性则从事纺织等室内劳动。

即使进入周代，男性的服饰也比女性的艳丽很多。比如《诗经》中39次写到人的服饰色彩，其中33次是写男性的，6次是写女性的。男性服色大都是朱、绿、玄、黄、青、金等艳色，而女性服色以素、白为主。这也从侧面反映出先秦女性不需要外在装饰依旧可以获得异性的青睐与尊重。因为此时尚有母系氏族社会的遗风，当时的女性地位虽未必高于男性，但一定会高于后世的封建时期，还不需"以色事人"。在秦汉以后，女性日渐沦为男性的附属品与赏玩对象，女性美逐渐呈现出"艳丽""妖娆""韵美"等特点。

---

①是距今6100~4600年的新石器时代晚期父系氏族遗址，应处于母系氏族社会向父系氏族社会过渡的阶段。

"西施"的衣橱

"西施"是谁呢？"西施"在她所属的年代并不出名，而是在东汉历史的书写中发生了演绎。学界对此莫衷一是，绝大部分学者认为并无其人，也有学者认为她仅是传说，还有学者将其认作《左传》中夏姬、女艾的形象组合等。

总之，"西施"在后世成为美女的代名词，曾经的她会穿什么样的服饰呢？

首先，"五色"深衣必不可少，青、红、白、黑、黄是先秦崇尚的颜色，同时又以织物本色的"素"色为美，如同今日流行的棉麻质地的本色纺织品；在深衣形式中，修身、宽松、曲裾、直裾都要有，穿着时用不同的叠穿方式形成不同的搭配风格，同时还要有不同颜色、不同宽幅的腰带。

其次，鞋架上还要有两种类型的鞋：平底鞋与双底鞋。平底鞋是用葛布制成，以青色、黄色居多，类似今天的渔夫鞋；双底鞋可以说是后世高底鞋的前身，在礼仪场合穿用，是在平底上再多加一层底，青色、白色丝制的双底鞋在重大礼仪场合是必不可少的。

最后，在饰品上，木笄、玉笄是一定要有的，这是成年的标志；还需有兰、菊、木兰、芰荷等花朵编织的发带、手环，这些也是日常时尚单品。

❋ 硕人其颀，衣锦褧衣

当下，市面上关于美白、瘦身、整容等的宣传比比皆是，甚至还有诸如"好女不过百""要么瘦、要么死"等所谓"励志"语录。其实在东西方历史上都有通过损害身体来变"美"的方式，如中国古代的缠足、欧洲维多利亚时期的束腰等，曾经的"美"在今天看来十分荒谬，而当下的种种又何尝不是？这些不禁让我们思考，人类社会初期是否也通过伤害自身来获得美？若不是，又为什么会发展成后来的样子？

"硕人"是《诗经》中用来形容美女的词汇，如《卫风·硕人》的开篇即为"硕人其颀"，《小雅·白华》中也有"啸歌伤怀，念彼硕人"。"硕人"是什么意思呢？

《诗经》中有100多首与女性有关的作品，其中先秦女性身体美的标志性特点体现在"硕"上。"硕"即为身材健壮，程俊英版《诗经译注》中有"在古代不论男女，皆以高大修长为美"的解读，而"美"字中很关键的组成就是"大"。仅"硕人"一词在《诗经》中就出现了9处。因此，高大健硕是人类对女性审美的最早认识，毕竟健康且有力量的身体是女性孕育生命的必备条件，而人口的多寡又直接关乎国家的强大与否。神话中关于女性的种种记录都与生育相关，如女娲、涂山氏、简狄、姜嫄等。由此可见，在柔弱、病态之美出现前，自然、健康的审美必然是存在的。

先秦时期的女性崇尚自然美，服饰上也以"素衣"为时尚，正如西施衣橱中必不可少的素色衣裙。在此要做一个"素"与"白"的辨析，《诗经》中对两种颜色多有使用。其中，"素"为服饰材料的本色，如先秦服饰材料丝、葛、麻等的颜色；而"白"则为织物经染后的色彩。先秦女子服饰多用麻、葛，又崇尚自然之美，织物的本色即是她们的流行色。"衣锦裻衣"说的也正是锦衣外面披上麻纱质地的服饰，而非要彰显华丽。因此，钱锺书在《管锥编》中有言："卫、鄘、齐风中美人如画像之水墨白描，未渲染丹黄。"

🏵 上下连裳，德贵专一：女子深衣

先秦时期的贵族女性无论穿着常服还是礼服，其服饰款式必须是深衣。实际上春秋战国时期上至君王下至百姓，无论男女都可穿用深衣，但为什么女子服饰只能是深衣呢？

这还要从男子礼服说起，男子礼服此时为上衣和下裳两件套的组合，在古籍中有这种说法：男子上衣下裳，取意上法先王古制；女子衣连裳，寓意德贵专一。从中也可以看出，自等级出现后，对女子在情感上的规训就已经开始，这在服饰上也有所体现。

深衣的基本特征是，上衣和下裳分开裁剪，然后在腰部再缝合在一起。通常为交领右衽、矩领、宽衣、广袖、博带、素色、彩边（如图1-1）。深衣自先秦开始，到明代末年，历代都有穿用和演变，流传的时间有三千多年。

从出土的木俑、帛画、玉雕以及实物中可以看到深衣分直裾和曲裾两种，二者区别在于衣服底部衣襟下垂的方式：直裾的衣襟为自然下垂的平直状，曲裾深衣后片衣襟形成三角，再经过背后绕至腰部，腰间再围以大带（如图1-2）。

图1-1 湖北荆州马山一号墓出土的直裾深衣

图1-2 湖南长沙马王堆一号墓出土的罗地信期绣曲裾深衣

流行妆容与发型

素颜

先秦的女子在妆容上也追求一种天然之美。《诗经》中描写的女子，其手、皮肤、额头、眉、牙齿等都以自然作喻，素面红颜，这与后世的脂粉浓妆、烦琐饰物相比，着实与众不同。

先秦女子虽不流行脂粉敷面，但在贵族女性中已出现用粉、胭脂的现象。考古证实，化妆品最早在商代就已经出现，西汉淮南王刘安及其门客撰写的《淮南子》中有"漆不厌黑，粉不厌白"，初期的粉以铅粉、米粉为主。在今天看来，铅为有毒物质，属于当今社会化妆品中的禁忌成分，但也始终有品牌在使用。最大的原因就是铅能阻止黑色素形成，可以提亮肤色。而这一效果在几千年前人们就已经发现，不得不佩服早期人类的智慧。此外，还有一种能够凝成红色"脂"的花，因盛产在燕国，所以最初的名字为"燕脂"，后才成为"胭脂"。

发式

古人认为身体发肤受之父母，不能随意毁伤。人类初期的男女发型没有分别，都是随意披散垂落，随着文明逐渐发展，发式也出现分别。首先就是用"笄"，这是一种礼仪，也是一种装饰。《仪礼》记载女子年满 15 岁即为成年，若已许配人家就可以梳髻插笄；若无婚配，20 岁时也要举行及笄之礼。

双环垂髻也是当时的一种流行发式（如图 1-3），女子头顶一块帽箍，后世女冠的"制如覆杯"即源于此；帽箍前额处露出一小部分黑色余发，发式后垂发扎成束状，再在中部结双环，余下垂成一股编至脑后。

图 1-3 河南洛阳金村东周墓出土的玉雕双舞女佩饰

古为今用——搭配指南

🌸 家居深衣

先秦时期，女子居家时，曲裾深衣是日常必备。即使是贵族阶层也并未完全脱离劳作，因此女子深衣还要考虑到日常的便利。小口小袖的深衣在这一时期盛行（如图1-4），其特点是修身、小袖、露出脚、腰间束带、颜色素雅。

🌸 宴会深衣

重大礼仪场合，深衣需要更加宽博以显示身份尊贵。从出土的帛画和俑来看，小口大袖的女子深衣也正是为这种特殊场合服务的（如图1-5）。先秦时期多黑色与红色，所以在礼服深衣中，身份等级越高的人，穿着越靠近这两种颜色，服饰上还会加饰彩绘。

图1-4 湖北江陵楚墓出土的彩绘木俑

图 1-5 湖南长沙陈家大山楚墓出土的贵族妇女帛画

🌺 "西施"浣纱打卡秀

　　"西施"服饰的色彩以素色为主，即织物的本色。内搭为天然亚麻的修身曲裾深衣，领缘处颜色较深；外搭为白色大袖直裾袍，领缘处以黄色钩边。腰间束青色绑带；服饰图案以花卉为主，在先秦《周礼》《诗经》中都有关于花卉的记载，兰、菊、木兰、芰荷是当时人们最为喜爱的。妆容上多画蛾眉、点红唇（点涂，以小为美），头上再绑上红色发带，梳双环髻。裙裾飘逸，提起竹篮，窈窕立于河畔。

汉服

未央宫的内外

日出东南隅，照我秦氏楼。
秦氏有好女，自名为罗敷。
——汉乐府诗《陌上桑》

约从 2003 年以来，汉服运动迅速兴起，大大扩展了传统"中式服装"的意义和范围。

究竟何为"汉服"？

汉服也被称为"衣裳""汉衣服""汉衣冠""汉装""华服""唐服"等。在历史上，"汉服"这个词并不常用，也不是一个固定的用语，而是有很多其他类似的称谓可以相互替代。根据描述、辨析和穿着实践来看，汉服主要是历史上汉族社会中上层阶级穿用的服饰。虽然它不能代表广大人民的服饰，但被认为是更具中国文化传统的服饰种类。

本章进入"汉代"。诚然，汉代的服装并不能被定义为当今语境下的"汉服"。公元前 221 年，秦统一六国，吸纳中原地区各地文化，形成了古代文化的一个重要源流，国家的统一也形成了新的服制规范。汉代初期，原有的周礼服制保留了最低一等的玄冕。因此，汉代服制可以看作"汉服"在名义上的初始。

罗敷：采桑女的服饰时尚

罗敷，是汉代女子的常用名，经常以采桑的形象出现在汉代文学作品中。

《汉书·景帝纪》中云："朕亲耕，后亲桑，以奉宗庙粢盛祭服，为天下先……欲天下务农蚕，素有畜积，以备灾害……其令郡国务劝农桑，益种树，可得衣食物。"汉代采桑纺织是重要且常见的劳作。女子采桑与塑造"美女"形象息息相关，若有摆拍，采桑定是当时最火的网红素材。其中，《陌上桑》中的罗敷可谓采桑女中的"顶流"，为什么呢？看一下她的装扮："头上倭堕髻，耳中明月珠。缃绮为下裙，紫绮为上襦。"

首先，发型上的"倭堕髻"，后世也叫做"堕马髻"，为东汉大将军梁冀妻子孙寿所创，可谓是东汉最流行的发式。《后汉书》对此有记载，它是在梳挽时由正中开缝，分到耳朵上方部位，到脖子后梳扎成一股，挽成髻垂于脑后，最后再从髻中抽出一股垂在一侧，呈下坠式样，有种慵懒的美感（如图 2-1）。

图 2-1　汉代堕马髻

其次，罗敷戴的"明月珠"是一种古代女子耳饰，汉代将此叫作耳珰，是系缚于耳下的小铃。东汉文学家刘熙《释名·释首饰》中有"穿耳施珠曰珰",其中将晶莹透明材料制成的耳珰称为"明珰",用玉制成的耳珰称为"玉珰",珍珠制成的耳珰称为"珠珰"。《孔雀东南飞》中也有"耳著明月珰",罗敷戴的也是同一种类型珠珰,用明月珠制成。《搜神记》卷二十记载:"珠盈径寸,纯白,而夜有光,明如月之照,可以烛室。故谓之'隋侯珠',亦曰'灵蛇珠',又曰'明月珠'。"若今天在网络上搜罗敷同款,即为大珍珠耳坠,女子佩戴起来精致、典雅。

着装上,罗敷缃裙与紫襦的组合,堪称是色彩与立体构成的绝美组合。首先,"缃"是一种介于黄白之间的浅黄色,西汉史游《急就篇》中有"郁金半见缃白黥"。隋唐时期经学家颜师古注:"缃,浅黄也。"浅黄色与紫色的搭配,在视觉上明艳又舒适。此外,服饰形态上,襦是长不过膝的上衣,汉代时期的女子上襦通常很短,只到腰间,"襦加裙"也经常作为搭配组合出现。1957年在甘肃武威磨嘴子汉墓中出土的襦裙实物即为此种。这种短上衣加高腰曳地长裙的组合即使从现代视角来看,也是非常时尚的。诗文之中,罗敷身材窈窕、摇曳生姿的体态虽不着一词,但已从对服饰的描述中展现出来了。

虞姬的时尚

在历史文学作品中，虞姬同西施一样，始终带有一种悲剧美学的色彩。虞姬是秦朝末年楚地人，楚地服饰一定是她的主要着装，特别是战乱期间，故国衣装代表了家国象征与日常惯习，比美学想象更具有实际意义。因此，作为楚人的虞姬，其服饰形态一定不同于中原地区罗敷的短襦长裙。

虞姬墓位于今安徽灵璧县城，之所以出现在此，全因《史记》《汉书》中关于霸王别姬的记载。霸王别姬发生在垓下（今安徽灵璧），那么虞姬自刎在此也合情合理。这是历代关于此处的普遍推论，后世也在此修建了虞姬墓，以此来缅怀、歌颂她的贞烈。

实际上，《史记》《汉书》中只有霸王别姬的记述，并没有提到虞姬自刎。后世的文学作品中，关于虞姬自杀一事的描写也有各式各样的精彩，服装造型上通常以"红""白"二色为主，来反映悲壮。相应地，当时流行的色彩，刚好也为赤、青、黄、白、黑，赤（发黑的红色）与白的组合也不失为曾经的流行色。

唐代张守节《史记正义》中评述项羽与虞姬时，引用了虞姬的唱词："汉兵已略地，四方楚歌声。大王意气尽，贱妾何聊生。"楚地是项羽和虞姬的故乡，楚歌与楚服也同样伴随着虞姬的一生。

让人关注的还有虞姬的发式。据马王堆一号汉墓中出土的十件着衣女俑中，"背后挽髻"是"楚服"的一个重要特征（如图2-2），这区别于汉服女子中"十有五年而笄"的盘髻（如图2-3）。所以，虞姬的发型应为背后垂发，收尾处束住挽成垂髻，也可能编用假发垂至臀部。

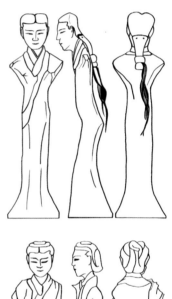

图2-2 长沙马王堆一号汉墓出土的垂发仕女图

图2-3 长沙马王堆一号汉墓出土的盘髻着衣侍俑图

在服饰上，大喇叭袖深衣依旧是楚地上层社会女子的常服。但虞姬时代的女子深衣外会有一件"綵衣"，它为一种半袖对襟式齐膝罩衣，样式如图 2-4、图 2-5。

图 2-4　湖北江陵马山楚墓出土的『綵衣』实物

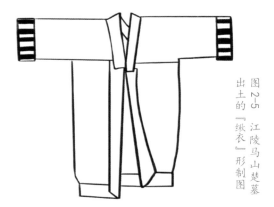

图 2-5　江陵马山楚墓出土的『綵衣』形制图

可见，虞姬的服饰并不会像罗敷的一样，为她的美增色万分，而更重要的在于后世对她的歌颂与赞美，特别是对其女性人格及形象的想象。

从歌女到皇后：卫子夫的曲裾深衣

西汉建元二年（前139）春，汉武帝刘彻去霸上祭祖，祈福除灾。回宫时顺路去看望长姐平阳公主。在王府中，平阳公主念及武帝还无子嗣，便在家中物色女子拜见武帝。宴席间，武帝看上了其中一位歌女，即卫子夫。

初见即被选入宫中，除了卫子夫本身较有姿色外，汉代的舞蹈服装也为她增色不少。

汉代女子舞服基本延续了战国时期深衣的服装形式，最大的特点就是袖口和腰身处流行长袖和飞带，以此展现舞者的动态。卫子夫所处的时代为西汉中期，对标出土实物如图2-6，她所穿的舞服可推论为交领式曲裾深衣，但并不是先秦时期中规中矩的式样，而是在领、袖、襟、裾、下摆处增加了许多装饰。典型的是，前襟处会更加细长，绕身的"裾"数也较多，而在更为精美的舞服中，对下摆的处理也是汉代女子舞服的一大特色。在图2-7中，下缘处被裁剪成大小不同的四个尖角，上丰下窄，状如燕尾。袖、襟、下摆的改造与修饰使其成为有别于常服最明显的地方。

图 2-6　江苏徐州驮篮山汉墓出土的舞俑

图 2-7　陕西西安杜陵陵区出土的玉舞人

卫子夫入宫后，便抛去原有的舞女装束和平民服饰。卫子夫入宫只是家人子，一年后升为夫人，位分虽不高但也有一定等级，此时服饰也改为更符合其身份的蚕衣。

何为蚕衣？蚕衣是蚕礼时的服饰，也是表明身份的服装。男耕女织的时代，蚕礼是女性群体中很重要的一个礼仪，自周代起就形成惯习。据《周礼》记载，每年春天皇后率领内外命妇举行"亲蚕"大典，代表全国女性向上天祈祷。刚入宫的卫子夫所穿的服饰为"助蚕服"。

从"助蚕服"到"蚕礼服"的转变，也是卫子夫从家人子到皇后的服饰象征。

汉代皇室贵族女子礼服依旧是深衣制，并通过服装色彩来区分等级。

卫子夫初入宫中的礼服应是上下颜色一致的"缥色"曲裾深衣（如图2-8）。古时形容水的颜色时，通常会用"缥"，在今天看来可以称作碧色。深衣以这种颜色呈现，素雅且平常，也可与刚入宫的卫子夫相配。再到皇后时期，深衣形制不变，但腰部上下的颜色发生改变，腰部以上为青色，以下为缥色（如图2-9）。汉代的青色更倾向于深色系的石青色，深衣的色彩构成呈上深下浅，可从色彩的变化中，反映出等级的升高。

入宫后的卫子夫服饰形态未曾改变，礼制下的服饰少了民间的自由，更不会再有长袖善舞的灵动。

图 2-8 缥色曲裾深衣形制图

图 2-9 上青下缥曲裾深衣形制图

辛追与马王堆汉墓的素纱禅衣

长沙马王堆一号墓出土的辛追夫人，目前是世界上保存最完整、样貌最真实清晰的尸体，距今已有两千多年的历史，被称为"千年不朽女尸"。

1971年底，湖南省军区366医院计划在湖南长沙东郊建造地下医院，意外发现了震惊世界的马王堆汉墓。打开墓室后，考古人员在一口黑棺旁的四个巨大箱子中，发现了一枚刻有"妾辛追"的印章，由此推论此处正是西汉长沙国丞相轪侯利苍妻子辛追的墓葬。

匪夷所思的是同时出土的还有轪侯和他们的儿子，但二者尸体早已全无，只有辛追一人依旧保持着真身形态，遗憾的是因当时技术条件没能留下原相貌，今天湖南博物院通过科技复原的也并非辛追原貌。

马王堆汉墓中最著名的当数辛追穿在最外层的素纱禅衣。辛追出土时，外穿了20件衣服，春夏秋冬四季皆有，素纱禅衣是罩在最外层的一件，也是从身上取下来耗时最久的一件。

为什么呢？主要是因为这件衣服太轻薄了，仅有49克。但长度并不短，衣长128厘米，袖长190厘米。这件素纱禅衣质地轻薄、柔软透亮，是关于古代丝绸"薄如蝉翼""轻若烟雾"的最好证据。

"素"在先秦至西汉初期，指色白且纺织精细的平纹织物。辛追身上的这件素纱，纱经密为 58 根 / 厘米，纬密为 40 根 / 厘米，也就是说一厘米中有 58 根纱经线，40 根纱纬线，极为精美。这个数值若类比在工业革命后出现的针织机，在科技助力下纱支数 30 以上的才被称为高支纱，而在 2000 多年前的西汉就能达到 40 以上，可见当时工艺之绝伦。

　　再回到这件禅衣，其式样为直裾袍（如图 2-10），裾指衣服的下摆，形状是弧形的，叫曲裾袍（如图 2-11）；垂直的则为直裾袍。此外，在领口和袖口处有厚重的绛色缘边，符合《仪礼》中关于女子出嫁时外穿罩衫的特点，因此有学者推测此件素纱禅衣为辛追出嫁时的罩衫。那究竟是否如此，还有待继续考证。

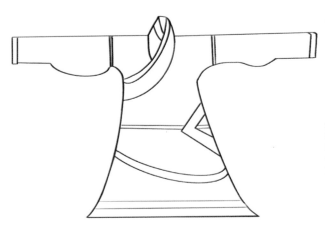

流行妆容与发型

汉代女子妆容不同于先秦的素雅，色彩更加明艳。汉代时期对西域颜料的引进，使胭脂的颜色多样，红妆一时成为时尚。不仅女子，帝王、文人也相继开始搽脂抹粉，甚至在眉形上都有改变，比如汉武帝时期的八字眉，汉明帝时期的青黛蛾眉等，这些反映出汉代时期人们对美妆的热衷，也展现了在追逐美时对性别的宽容。

妆容

汉代女子妆容中，最重要的当数面饰，也就是在脸上粘贴或绘画图案。

其中，以面靥最为流行，即在酒窝处点染红色圆点。汉代也出现了花钿，在脸上粘贴薄片饰物，如虫翅、螺钿壳、丝绸、鱼骨等装饰物。这种美妆在今日看来似乎有些可笑，但在人类初期的妆饰中，效仿自然是十分普遍的行为，比如鸟类在求偶期间也会梳理羽毛，甚至把艳丽的羽毛插在身上博得关注。而后随着对自然的借鉴和模仿，人类在色彩与技法上采取更巧妙的方式与自然和谐共处，如当下烟熏妆、烈焰红唇的名称都是与自然融合的产物，而在初期没有技术的支持下，只能以最直接的方式展现当时人们理解的美。

此外，汉代还流行点唇，在敷过脂粉的脸上，轻点朱红。

这样可以通过脂粉的画法从视觉上调整脸部大小，来展现"樱桃小口"之美。

🪭 发式

古代贵族女性的发式很难称作流行，因为某种固定的发式一定是专属某一等级人的象征。所以，本书在谈及流行时，通常是指民间女子的妆容与发型。

汉代女子流行发髻，特别是高髻，《后汉书·马廖传》中就有"城中好高髻，四方高一尺"，反映出汉代女子对盘发高髻的热衷。

除了前文所说的"堕马髻"外，较为著名的还有"飞仙髻"，这与汉代对神仙的崇拜，尤其是对西王母的崇拜有关。西王母的发型通常以"太华髻"出现，"头上太华髻，戴太真晨婴之冠"，在服装史的研究中认为汉画像石中的西王母头上常见的"五梁冠"即为"太华髻"。由于人们对西王母的尊崇，日常并不会轻易模仿她的造型，倒是西王母身边侍女的飞仙髻成为热门，1958 年在河南邓县（今邓州）出土的南北朝贵妇出游画像砖中可见原形。制法是把头发挽到头顶，分成数股，挽成数个弯曲的环，竖直向上，脑后再披一些长发。明代徐士俊《十髻谣》中谈及飞仙髻："飞仙飞仙，降于帝前。回首髻光，为雾为烟。"这说的是汉武帝与西王母相会的故事，西王母身边梳飞仙髻的侍女成为汉代女子优先仿照的对象。

　　垂云髻也是汉代女子常见的发型，先把头发分成左右两边向后梳，发尾处系起做云朵状，马王堆中出土的若干侍女俑都是这种发型。女性梳此发式，端庄不失可爱，应是当时年轻女孩的时尚发式（如图2-12）。

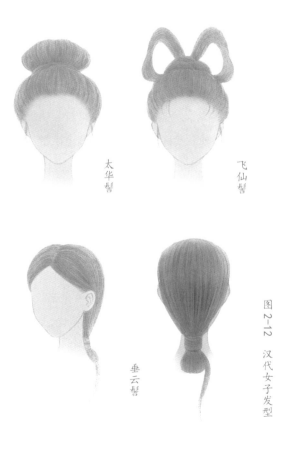

太华髻

飞仙髻

垂云髻

图2-12　汉代女子发型

高髻之上，汉代女子的发饰也十分多样。首先是罩在发髻上的"帼"，有圆形或花瓣形的，然后帼上再加簪或其他装饰。汉朝的女簪流行用玳瑁装饰，也就是一种黄褐色的贝壳，再在上面雕刻饰物。凤钗也是常见的头饰，一头做凤凰形，另一头用玳瑁做尾，配以高髻。劳作妇女日常头上也会以插花为饰。

古为今用——搭配指南

以采桑女的着装为首选，采用缃裙与紫襦的搭配，外罩一袭形制如素纱禅衣式样的轻薄袍服，腰上束带。头梳垂云髻，点朱唇。不过分复古，也能融合当代，适合日常生活。

第叁章——

飘逸

乱世下的魏晋南北朝衣尚

披罗衣之璀粲兮，珥瑶碧之华琚。
戴金翠之首饰，缀明珠以耀躯。
践远游之文履，曳雾绡之轻裾。
微幽兰之芳蔼兮，步踟蹰于山隅。
——曹植《洛神赋》

魏晋南北朝是中国历史上一个社会动荡的时期，战乱频繁，给社会经济、文化和人民生活带来了巨大灾难。这段时期（大约持续了360多年）的混乱导致人民流离失所，但也增加了各民族相互交融的机会。各民族之间的交流也促进了服装的大转变。由于大量少数民族迁入中原地区，胡服成为社会上常见的装束，特别是一般平民百姓的服装受胡服影响最为明显。

在南北朝时期，少数民族初建政权时，按照本族习俗穿着，但后来受到汉族文化的影响，也开始穿汉族服饰。此一时期，女子服饰既展现出柔美飘逸之感，也有女效男装的英姿飒爽。

洛神的衣装：大袖短襦与修身袿衣的叠穿

洛神，即洛水中的女神，是中国神话中伏羲氏的女儿，后不幸溺死在洛水中，遂为洛水之神。最有名的当属三国时期曹植的《洛神赋》与东晋顾恺之的《洛神赋图》。虽然是想象，但通过文字与图像的描述，可以反映出魏晋南北朝时期对女性形象的一种期待。

“翩若惊鸿，婉若游龙”是《洛神赋》中经典的一句话，其主要表现出女子轻盈的身姿。这不仅是当时对女子身材纤瘦的赞赏，还是魏晋南北朝时期服饰中灵动、飘逸的风格的体现。

在现存《洛神赋图》（如图 3-1~ 图 3-3）中，洛神的服饰搭配可以说是紧身袿衣与大袖短襦的叠穿。首先，袿衣来自深衣的变形，主要不同是在深衣末端裙裾之处加饰上宽下窄的"圭"状布片（如图 3-4）和飘带，因此叫做"袿衣"；其中，布片中尖的部分称作"髾"，飘带则称为"襳"，整体有种飘逸流动之感，所以也有用"蜚襳垂髾"来形容着袿衣的女子的。外搭的短襦长至腰腹，中间用腰带束扎，并围有带飘带的蔽膝。画面中所呈现出来的缥缈之感，与"扬轻袿之猗靡兮"的描写极为适配。

图 3-1 美国弗利尔美术馆藏《洛神赋图》中的洛神

图 3-2 故宫博物院藏《洛神赋图》中的洛神

图 3-3　辽宁省博物馆藏《洛神赋图》中的洛神

图 3-4　袿衣形制图

"背心"的一种时髦——必不可少的"裲裆衫"

裲裆衫，在今天也可以把它叫作"两挡"衫。这是因为它只由前后两张布片组成，前面遮挡前胸，后面遮挡背部。这种服饰在今天我们更倾向把它叫作"背心"。之所以说它是魏晋南北朝的时尚必备，是因为在此之前它多出现在北方少数民族的行军服饰中，在魏晋南北朝时期才影响到中原，成为男女都穿的一种衣装（如图3-5），与男子衣不同的是女子衣上有更多的纹饰。

裲裆衫怎么穿呢？可以说它的式样直接影响了服饰的整体观感，因为它是穿在所有服饰外的单品。比如在1958年河南邓县（今邓州）出土的南北朝贵妇出游画像砖中（如图3-6），裲裆衫穿在上襦外，中间用腰带系扎，这是一种不同以往的叠穿方式（如图3-7）。但实际上，魏晋南北朝裲裆衫也并不是一种新的式样，而只是一种新的穿法。因为最早这种裲裆衫是女子穿在里面的内衣，而后在社会混乱时期与军服融合于一体，形成"内衣外穿"的服饰风尚。

这种受军服影响的日常女子时尚并不少见，我们熟悉的卡其色风衣也是一战时期对军装颜色的仿效，晚清时期女子十分高的立领也是对近代军服领子的仿照。但我们对此也可大胆想象，魏晋南北朝女子的这种"内衣外穿"的行为也是封建时期女性自主创造时尚的说明，更是对"一成不变"生活的自我抵制与对美的追求。

图3-5 南北朝时期身着裲裆铠与衫子的拥剑仪门卫士（河南邓州出土南北朝画像砖墓门壁画）

图3-6 河南邓州出土南北朝贵妇出游画像砖

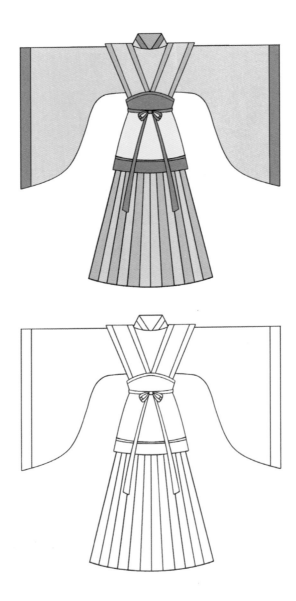

图 3-7 南北朝妇女裲裆衫示意图

花木兰的衣装

"阿爷无大儿，木兰无长兄，愿为市鞍马，从此替爷征。"
花木兰的经历既展现了巾帼女英雄的伟大形象，又反映了封建时代女性只能以男性形象去获取价值的无奈。想必木兰从军的每一天也在盼望着能够尽早"当窗理云鬓，对镜帖花黄"。只可惜，她不能。

从军的木兰和男子一样着一种新式戎装——裤（袴）褶服（如图3-8）。受西域游牧民族影响，短衣大裤的装束开始影响中原地区。裤（袴）褶服即裤与褶的组合服饰。"裤"是西域胡人日常穿的宽松大裤，因为长期在户外活动，裤与中原地区袍、衫、裙等服饰有所不同——裤子不能直接穿在外面，需要用裙或袍罩住；褶是上衣，这种上衣的基本款式为齐膝大袖衣。最初，裤（袴）褶服进入中原时，主要是以戎装的形式出现，便于行军，日常是严令禁止穿着的。但随着魏晋南北朝时期的几位君主对此偏爱有加，裤（袴）褶服的服饰地位跃升，成为贵族群体中的常服（如图3-9）。

西域的裤（袴）褶服演变成中原服饰时，也有所改动。如之前直管的裤筒转变成一种缚裤（如图3-10）：在裤管中间处用三尺长的带子绑住。这就成为一种新的式样，不仅保留了裤子的方便，还在视觉上营造出裤子也能够以裙/袍的长度遮掩住身体的效果。

这种服饰最早在男性群体中演化为一种常服，随后在女装中也成为一种流行，但是在女装中不同在于上衣（褶）的袖管更加宽大，或许这也是对身体的一种遮蔽，尤其是对女性。毕竟在中原地区人们日常的生活并不需要太多的户外活动，还是需要保留服饰的礼仪风范。

或许，木兰在归家后，这种从男性戎装到女性常服的新式裤（袴）褶服更能贴近她的人生过往和日常惯习：既完成了家族的男性使命，又契合了她的女性期待。

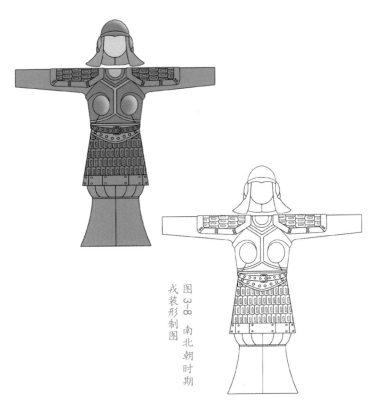

图3-8 南北朝时期戎装形制图

图 3-9 北朝男子着裤（袴）褶服

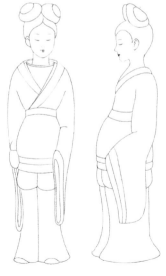

图 3-10 山西太原圹坡张肃俗墓出土的穿大袖衫和大口缚裤的女俑图

流行妆容与发型

魏晋南北朝时期的妆容继续在贴面上有了创新。先来看一幅反映北朝风俗的经典《北齐校书图》（如图3-11），从中可以看到女性的面部从鼻头至额部的颜色与其他地方完全不同，也非常具有时代特色。用我们今天的视角来看，这难道是高光吗？为了使面部看起来更加立体？

当然不是，让面部看起来更加立体是西方审美传入的影响，古代中国的女性自然不会有这种喜好。这主要是由于魏晋南北朝时期佛教的兴盛与传播，全国各地开始兴建寺院后受佛像的影响。佛像的"金面"成为女子们竞相仿效的对象，她们用松树的花粉（黄色）将额头染作金黄色，也就

图3-11　北齐杨子华《北齐校书图》中女性的面部

是古诗词中常见的"额黄"。在化妆时，既可以将整个额头都涂成黄色，也可以仅涂上额或下额，再晕染至全额。有时还会用黄色纸片或金箔剪作花形，再粘贴于额头，也将此叫做"花黄"，如木兰归家后重新梳洗打扮时，"当窗理云鬓，对镜帖花黄"。

如果说汉代是高髻兴起的时代，民间多有女性日常将发髻垂于脑后，高髻还较多地出现在宫廷贵族或歌舞表演以及

想象的道仙图中，那么在魏晋南北朝时期的大众生活中，高髻俨然达到了普及的程度。这很像进入 21 世纪后"丸子头"的出现一改女子往日长发披肩的温婉形象，干净利落的发式成为一种新兴时尚。然而，与"丸子头"不同的是魏晋南北朝的高髻不是一个简单的"丸子"，而是会束扎成各种形状，如蛇形、云形、花朵形等，也对应产生了许多发式名称，如灵蛇髻、百合髻、垂鬟髻等。

随高髻的普及而来的就是固定发式的头饰，主要还是以簪钗为主。在贵族阶层女性中流行的还有一种"金步摇"，也是一种发钗，上面缀有装饰，多是用金片或珠翠打造的叶片、花朵等，通常戴在头顶，走路时会跟随脚步而摇摆，即"步则摇动"，也是步摇的原意。当然，这种金步摇在当时是一种奢侈品，能够拥有且佩戴金步摇多是权贵、身份的象征。比如在顾恺之的《女史箴图》（如图 3-12）和《列女图》（如图 3-13）中的贵族女性，头顶都插有金步摇。

图 3-12　东晋顾恺之《女史箴图》中头戴步摇的宫廷女子

图 3-13　顾恺之《列女图》中的许穆夫人头戴圆形花枝状步摇

古为今用——搭配指南

　　相对混乱的时期往往创造出多样的服饰风格，比如魏晋南北朝时期对少数民族服饰的接纳，以及与宗教服饰的融合等，具有非常鲜明的时代特点。同时，多变的局势也带来了相对自由的人文环境，正如宗白华先生所说："汉末魏晋六朝是中国政治上最混乱、社会上最苦痛的时代，然而却是精神史上极自由、极解放，最富于智慧、最浓于热情的一个时代。因此也就是最富有艺术精神的一个时代。"不仅有女扮男装的花木兰，还有很多热爱美妆（装）的美男子，比如嵇康、潘安、沈约等，也经常出现着袒装的名士。本书不以男装为中心，但依此可以看到这一时代的开放与包容，堪比后世的唐朝。在今天以这一时期为主调进行搭配时可以选择既舒适又略带性感的服饰组合，如面料可选清透的薄纱材质，来营造轻盈飘逸的质感，内穿青白色碎花小袖紧身袿衣，浅蓝色卷草纹缘边，裙上装饰"圭"状布片，外搭天蓝色齐腰大袖上衣，腰间束带。

第肆章

大唐风华

遮蔽与袒露中的绚丽与奔放

红粉青娥映楚云，桃花马上石榴裙。
罗敷独向东方去，漫学他家作使君。
——杜审言《戏赠赵使君美人》

唐代是经济、政治、文化空前繁荣的时代，对外来文化的包容也使唐代艺术缤纷多彩。中国女子的着装时尚在这一时期与过去有着显著不同，也呈现出令后世称奇的唐代女服景象。

襦（衫／袄）裙装

短衣长裙的搭配组合发展至唐代已成为女子的常服。不同的是在唐代，襦专指夹棉的上衣。比"襦"更厚的是"袄"，有对襟及右衽大襟，二者共用于天冷时节；炎热季节则为较

薄的"衫"，略长于"襦"，有时也作无袖状，也称作襦衫。
由于唐代与各国的交流较多，领式除传统的交领、方领、圆
领之外，还出现各种新式翻领。

　　受西域服饰影响，唐朝很长一段时期流行窄袖上襦，例
如白居易就有"小头鞋履窄衣裳……天宝末年时世妆"的诗句，
明代《杨升庵外集》中对前朝服饰记述时也有"自汉魏六朝
至唐，宫中衣皆尚窄，非惟便于趋承，亦以示俭，为天下先也"。
裙装的变化也是从"窄"到"宽"，初期流行"修身"及地长裙，
或高腰或束胸（如图4-1《簪花仕女图》）；至盛唐逐渐宽大，
到白居易描写元和时期的女子服饰时，也有"风流薄梳洗，
时世宽妆束"了。

图4-1　唐　周昉　《簪花仕女图》

袒胸装：襦裙、半臂与帔帛

唐代文化的多元形成了开放的社会风气，往日褒衣博带下包裹的身体此时得以展现。最具代表性的当数"袒胸装"，典型特征为低领、低胸。

袒胸装的基本形态也是短襦衫与长裙的组合，但这种短襦通常为对襟窄袖短襦衫，衣襟微敞，不用系带或纽扣，束扎于下身的高腰曳地长裙。在唐代有"高腰掩乳"的风尚（如图 4-2《步辇图》），长裙往往会上及胸部。

襦裙之外再加一件罩衣，唐时称为"半臂"。沈从文先生认为这是自魏晋上襦演变形成的一种无领（或翻领）对襟（或

图 4-2 唐 阎立本 《步辇图》

套头）上衣。其衣长与内穿的襦衫等齐，袖长至肘且袖口宽大的半臂在襦裙中的出现不仅适应了日常温差变化，还增加了肩部与腰部的层次感，使服饰与人体造型更加美观。半臂通过重塑服饰色彩与图案，改变整体风格，适合身材苗条的女性。当下的叠穿也正是如此，如紧身打底衫之外搭配宽松短袖 T 恤、长袖衬衫外的针织马甲等。而当盛唐开始流行丰腴之美时，半臂也就不再流行，同样当下叠穿也不适合偏胖人士，这些也让我们看到了古今服饰设计的融通。

袒胸装的点睛之笔当数帔帛，它可谓唐代女服必备的时尚单品。帔帛通常披于肩上，类似现在的"披肩"，但形态更为细长，材质也更加轻薄，帔一般用纱、罗等轻薄织物做成。在唐代最终演变成为一条飘带。帔始自秦代，秦始皇曾令宫女披浅黄银泥飞云帔。魏晋时期佛教逐渐兴盛，其关注的是精神境界的升华，因而形成了一种高度夸张、理想化的审美情趣，这促成了披帔的流行。帔帛与服饰的相互映衬，动静结合，展现出灵动飘逸之美。

帔帛可自由披挂而成为不同式样，一般有四种披挂方式：

◆ 一侧较另一侧长或等长（如图 4-3《挥扇仕女图》）；

◆ 双手将两侧收拢于胸前，垂直膝下；

◆ 将右侧一头系扎在下裙的系带处，左侧另一头经前胸绕至肩背，搭在左臂处下垂；

◆ 把披在两肩旁的垂端收拢至胸前，形似马甲（如图 4-4《内人双陆图》）。

图 4-3　唐　周昉《挥扇仕女图》

图 4-4　唐　周昉《内人双陆图》

诃子：无肩带内衣的性感

"粉胸半掩疑晴雪""胸前如雪脸如莲""雪胸鸾镜里"……颈、胸的裸露是社会开放风气使然，也是女性自我身体意识的体现，那么在肩颈裸露的情况下又该如何固定半掩的胸部？今天市面上随处可见"胸贴"，在唐代又该作何处理？

其实，传统内衣是有肩带的，唐时为适应袒胸装新创了无肩带的"诃子"。它实则是用明艳的锦缎包裹住胸部，然后再系扎于腰部（如图4-5）。它是以内衣外穿的形式出现的，既有遮掩胸部的功用，也有展示性魅力的作用。孙机先生在《唐代妇女的服装与化妆》中指出："唐代女装露胸……至中唐时，裙腰之上出现抹胸，如在《簪花仕女图》中所见，表明此风稍敛。"

图4-5 身着诃子的女性

《簪花仕女图》是唐代仕女画的典范，展现了五位贵族妇女以及一位侍女游园赏花的场景。她们身着低胸高腰长裙，外罩轻透的纱衣，肩臂处缠绕着帔帛。其中在右起第一位仕女身上能够明显看出诃子的形态：高腰裙系带处有明显皱褶，表明长裙与诃子不是连接在一起，而是各自作为一件单品存在的。

何为"石榴裙"？

　　唐代文学作品中经常见到"石榴裙"之称，如"桃花马上石榴裙""碧罗冠子结初成，肉红衫子石榴裙""小鱼衔玉鬓钗横，石榴裙染象纱轻"等，现代文学作品中也经常会用"拜倒在石榴裙下"来形容对女子的青睐，那么石榴裙究竟为何物？

　　石榴裙得名源于其色彩，它是借石榴花形容裙色艳丽，当然也与石榴有直接联系。石榴在西汉时期传入中原，至南北朝时期在全国普及，成为"九州之名果"。"石榴裙"一词，最早出于南朝梁元帝萧绎所著《乌栖曲》中"交龙成锦斗凤纹，芙蓉为带石榴裙"。到了唐代，石榴裙成为年轻女子的偏爱，上至女皇武则天、杨贵妃，下至民间女子都十分喜爱红艳的石榴裙。

石榴裙的染色是制作中的关键步骤。古代中国通常使用植物染色，将衣物印染成纯度较高的红色并不容易，同时造价成本高昂，红色也被认为是一种高贵的色彩。因此，石榴裙的穿着群体多为贵族女性，石榴裙也成为上流社会的时尚标签，最具代表性的当属武则天《如意娘》中的诗句："看朱成碧思纷纷，憔悴支离为忆君。不信比来长下泪，开箱验取石榴裙。"

"胡风"时尚：女为胡妇学胡妆

胡服，是除汉族之外的所有少数民族服饰的统称，特点是上身着窄袖紧身袍或短衣，腰间系革带，下身着长裤和革靴，便于劳作和活动（如图4-6）。

根据沈从文先生的研究，胡服在开元、天宝年间最为流行。唐墓壁画中所出现的胡服侍女，上身穿袖口较窄的圆领或翻领长袍，长度大致在膝盖以下，下身穿条纹裤，脚蹬透空软棉鞋。除衣着外，唐代女性的首服中也有不少胡风元素，典型代表为幂䍦与帷帽。

骑马在唐代成为女子的流行活动，这也是西域人擅长的事情。在西域，人们一般会用藤席或毡笠做成帽型骨架，再糊裱刷油，最后上置纱罗制成轻薄透明的大幅方巾来遮蔽路上的扬尘，称为幂䍦、帷帽。幂䍦和帷帽的区别：前者为尖顶，

图4-6 陕西房陵大长公主墓
出土的着胡服持杯提壶宫女图

美了千年 女子服饰时尚风潮

后者为平顶；前者长度及胸或全身，后者仅垂至脸颊。帷帽相对而言更加便利，后一直沿用至明代；有些还会加饰珠帘，显得更加精美华贵。二者原是实用性的，在传至中原后虽然没有风沙，但其贴合了儒家经典《礼记·内则》中"女子出门必拥蔽其面"的性别观念，也很快得以流行，成为唐代女子骑马时的必备。

胡服为什么会在唐代流行呢？很显然，一方面胡汉民族文化融通，而另一方面还与李唐皇室有胡人血统有关。陈寅恪先生认为："若以女系母统言之，唐代创业及初期君主，如高祖之母为独孤氏，太宗之母为窦氏，即纥豆陵氏，高宗之母为长孙氏，皆是胡种，而非汉族。故李唐皇室之女系母统杂有胡族血胤，世所共知。"因此，原本就非华夏血统的王室并不会像其他中原统治者对"华夷之辨"的观念那么重视，反之还会有一些认同感。

女效男装是唐代女性意识的觉醒吗？

《礼记》中有"男女不通衣裳"，意指女子和男子的衣服不能一样，也就是说礼制下女着男装是决不允许的，甚至还被认为是"服妖"的行为。但在唐朝，却流行女子挑战封建礼教的"男装"。

诚然，女着男装在今日看来十分寻常，并且经常与女权及性别解放相关。比如，近代女权的代表人物秋瑾留日回国后几乎保持男性装扮，有时梳辫革履，有时长袍马褂，她说："我想首先把外形扮作男子，然后直到心灵变成男子。"21世纪后中性风格、无性别设计的出现，也在颠覆着传统通过外观来界定女性审美及性别的方式。因此，当我们在今天回看1500年前唐朝的女性也同样就很容易带入同样的观点，特别是在20世纪80年代刚改革开放时，一些研究者就认为唐代流行的女着男装是女性在挑战男权以及女性意识的某种觉醒，那么事实是否真的如此？

唐代男子代表装束为身着圆领袍（有时也会把领口敞开作翻领穿），腰间束革带，脚蹬靴，头戴幞头。这也是女着男装最典型的装扮，这种式样又统称为"袍袴"。

虽然文献材料中多有反映唐代女着男装的风靡，但实际考古材料中这些穿男装的女性多是侍从，或通常比穿女装式样的女性身份地位低。比如宫廷中的侍从通常身着这种装束，头上再戴上幞头，称作"裹头内人"。唐诗中就有"遥窥正殿帘开处，袍袴宫人扫御床"，说的正是着男装的女侍。另外，在唐画中也能找到众多反映此现象的图像，如武惠妃墓石椁线刻中执镜梳妆着裙装的女墓主，身后站立的女侍即为男装（如图4-7）；敦煌壁画中的女供养人均穿着女式衣裙，但其后的女侍则为圆领男装（如图4-8）；陕西长安区南里王村墓壁画中的女主人身穿女装，但背后的女侍依旧为身着男装（如图4-9）。诸如此类图像能找出很多（如图4-10~图4-15），也就是说，唐代女着男装并不是上层女性的时尚，而主要在中下层，主要原因还是方便劳作。所以，这些穿男装的女侍很难代表女性自我权力意识的觉醒，其地位不仅不如真正的男性，甚至还要服从于前面着裙装的女主人。

图4-7 陕西武惠妃墓石椁线刻中的女性

图4-8 敦煌第二三一窟壁画中的女供养人

图4-9 陕西长安区南里王村唐墓壁画中的女性

即使是在开元、天宝年间，"士人之妻"穿男装，这也更多是因为唐代女子有了更广阔的活动空间，比如经常可以参与出游、狩猎、打马球等活动，而穿男性袍袴确实比穿曳地长裙更方便。《新唐书·五行志》中，太平公主曾"紫衫、玉带、皂罗折上巾，具纷砺七事，歌舞于帝前"，高宗及武后笑曰："女子不可为武官，何为此装束？"太平公主这一男装现象近乎是唐代贵族女性着男装的孤例，从武后的反应中也可看出她本人（即使后来成为皇帝）对着男装并没有兴趣。唐代贵族女性的地位相较于其他朝代确实有很大的提高，但是如果说是以着"男装"的形式来表现可以像男子一样"争权"着实牵强。

图 4-10 陕西唐太宗贵妃韦珪墓壁画中的女侍

图 4-11 陕西阿史那忠墓壁画中的女侍

图 4-12　山西薛儆墓石椁线刻中的男装女侍

图 4-13　陕西韦洞墓石椁线刻中的女侍

图 4-14　敦煌第四五窟壁画中的女性

图 4-15　武惠妃墓石椁线刻中的女性

时尚、性别与权力：精英女性关于男装女侍的着装考量

从世界史视角来看近代女性解放的历程会发现，精英女性通常会以着男装的方式进入传统以男性为权力中心的公共领域，这种通过服饰表现出的"拟男"行为是"男女平等"思想下的产物，也是攻击男性特权的一套隐性话语。但是，唐代着男装的女性皆为身份卑微的侍从，与此大不相同，那么又该如何看待唐代贵族精英女性自己不穿，却容许身后的女侍如此呢？

毋庸置疑，唐王朝的政治核心始终都有女性存在。从最初起兵反隋、为父建业的平阳公主；到初期虽未公开参与朝政，却暗中辅助唐太宗实现"贞观之治"的长孙皇后；再到最终独揽大权的"圣神皇帝"武则天……她们都为唐代女性地位的提高作出了贡献，也使唐代女性有了更多的自由。但是在与男性共存的空间内，她们的服饰依旧华美，男装扮相的女子多出现在内帏，也就是在一个纯粹的女性空间之中。虽然贵族女子并没有着男装，但她们的侍女，如若没有主人的默许或命令，在等级森严且有着繁复服饰规定的宫廷中，又怎可以随意选择自身服饰呢？

这些男装扮相的女侍从，或许可以从侧面说明贵族女性对于男装审美甚至男子权力地位的向往。因为她们自身也许

并不敢冒大不韪去挑战世俗，身着男装，但是却让一些侍女穿上男装穿梭于内廷，而后男装成为一众贵族阶层侍女常见的服装，女着男装随之又流行到民间，并最终出现在今天可见的墓室壁画与历史文献中。一个完全颠覆传统审美的时尚与流行一定要有广泛的社会基础和认可，这很难说与当时男女地位等社会因素完全没有联系。

武则天至死都没有留下图像。从她在688年自称"圣母神圣"到690年改称"圣神皇帝"，可以推断在性别上她把自己认定为与男性一样，695年武则天在敦煌建造了一尊穿男装的弥勒佛像，有学者研究认为武则天可能也会穿男装。在此我们可以大胆想象，如果武则天穿上了男装，也就和近代秋瑾的想法一致，是要获得权力，而绝不是为了追寻"时尚"，但她是极为特殊的唐代女性个体，而后很快覆灭，关于"女着男装"的一切也随之消弭。

唐代的流行纹样

大唐文化吸取容纳诸多异域风采，唐时的工艺匠人也喜欢表现外来题材，他们善于吸收不同的创作风格与手法，将中原与西域、传统与当下、世俗与神圣、理想与现实等元素进行融合与创新，唐代的图案艺术发展到了一个前所未有的鼎盛时期。

❀ 宝相花

宝相花是唐代十分具有代表性的主饰纹样。它是由绽放的花朵、花瓣、含苞的花、花蕾和叶子等自然素材，经由放射对称的规律，重组的一种新的装饰花纹。初期的宝相花纹样为方形，是由柿蒂纹和忍冬纹结合发展而来的，如在李重润墓天井过道中的天花图案（如图4-16），还有甬道天井中的宝相花图案（如图4-17）。初期的宝相花中的花型更像是石榴花，至盛唐时期，原有宝相花的骨骼架构保持不变，内部叠加更加繁复，但层次明晰、严整有序且中心突出，此时花型近似牡丹。

图4-16 陕西乾县李重润墓天井过道中的天花图案

图4-17 陕西乾县李重润墓甬道天井中的宝相花图案

🌸 联珠纹与"陵阳公样"

联珠纹是3世纪在波斯萨珊王朝（226—651年）兴起的纹饰，在唐代十分盛行。其主要特征是以联珠缀成圆圈为纹样边缘，圆圈内填充对马纹、对鸟纹、对鸭纹、翔凤、游麟等，也常填以波斯式的猪头纹或立鸟纹，以此形成固有的图案形制。

这种纹饰又称作"陵阳公样"，由陈国公窦抗的儿子窦师纶所创。窦师纶位居唐太宗秦王府咨议、相国录事参军，官封陵阳公，且具备很高的艺术造诣。唐太宗派其前往四川之地掌管皇室的织造用物，他巧妙地将西域图案与传统带状循环构图相结合，形成了一种独创风格。

这期间他主持设计了章采绮丽的瑞锦、宫绫，多采用外层团窠内置对称式的翔凤、对雉、斗羊、游麟等，是最能够体现唐代装饰的图案。这转变了中原织物自汉代至魏晋一直沿用的带状循环构图模式，标志着唐代的纹样吸收利用西方纹样，并形成了自己的风格。

卷草纹

卷草纹是以"S"形波状线结构为基础，在上面加以形态各异的装饰主题（如图4-18），比如各式花、鸟、兽等，如石榴卷草纹就是把石榴花纹与其枝叶相结合的一种搭配。田自秉等著的《中国纹样史》中指出卷草纹由来已久，其基本骨架均为波浪形上配以叶片与花朵，但不同时期的称谓不同，如"汉代可称之为卷云纹，魏晋南北朝称之为忍冬纹，唐代称之为卷草纹（唐草纹），近代则称之为香草纹，名称各异，但大体呈波浪形枝蔓骨架，配以叶片；配以花朵的，又称缠枝花"。以波状线结构为基础，将花、花苞、枝叶、藤蔓组合成富丽缠绵的装饰纹样。

图4-18 卷草纹基本骨架

鸟衔花草纹

纹饰发展的历史脉络，最初都是以动物纹和几何纹样为主，自魏晋南北朝开始，植物花卉纹样真正进入装饰题材。这源于人们日常观察以及图腾崇拜，比如人类在早期能够拥有动物就意味着富有，各种兽类纹饰也有着威慑力。唐时的花草纹已经达到顶峰，但也不乏动物纹与植物纹的组合，其中鸟衔花草纹就是十分具有代表性的一类，特点是各式鸟类如鸾凤、孔雀、大雁、鹦鹉等口中以不同姿态衔着瑞草、璎珞、同心百结、花枝等。

古为今用——搭配指南

唐代的女子大都自信美丽，这也使今日的人们都乐于回溯那个年代，我们也经常看到各式仿装出现在街头。在当下我们追忆一个时代，并不意味着要全盘还原，那是文物研究与修复者的工作。我们可以尝试思考：如果唐时的女子穿越来到今天，会如何用她们熟悉的服饰文化来适应现代的生活方式？毕竟，融合外来文化是她们的强项。

她们可能会选择一件橘红色长款大袖开衫与裸粉色抹胸连衣裙。颜色的称谓是现代的，方便有直观的色彩即视感。若按照传统色彩，会称其为丹红色、湘妃色一类。

大袖衫综合唐时半臂与大袖罩衫的特点，衣长至膝盖，袖长至肘，表层颜色为橘红色，内里为天青色，也可在内里搭配一件同色系小衫，营造出色彩的层次感，这两种色彩均为盛唐敦煌壁画色彩中的主色调。内搭上俭下丰式皱褶抹胸连衣长裙，束扎腰带。

第伍章——

宁静典雅

宋代女子服饰的花样年华

帘卷西风，人比黄花瘦。

——李清照《醉花阴·薄雾浓云愁永昼》

宋朝是中国文化史上一个重要的转折点，出现了多种思潮和学派。其中，儒家思想在宋朝得到了进一步的发展和推广，程朱理学成为主流。与此同时，宋朝文学艺术繁荣，出现了许多杰出的文人。诗词成为当时最重要的文学形式，文人如苏轼、辛弃疾等的作品流传至今。绘画、书法、剧曲等艺术形式也得到了极大的发展。

宋代女子服饰，与唐代女子服饰相比，少了奢侈华丽之风，展现出一种淡雅、恬静之感。

宋代女子更加注重体态的柔美和瘦削的骨相，更加崇尚修长适体。用料加工考究，服饰色调也更为柔和，整体呈现出清淡、柔和、典雅的风格，以简约、贴身为主要特点，宋代女子的服饰尽显质朴、自然、清新、雅致。

褙子：宋代女子"爆款"服饰

"褙子"可不是"被子"，尽管它的穿法很像直接能披在身上的"被子"。

"褙子"在宋代可谓男女老少皆宜，不同之处在于男子一般把褙子当作休闲装或打底穿用，而女子除作便服使用外，有时也会将其作为正式礼服。

"褙子"形制基本源自"半臂"，作为前朝女子服饰的"爆款"，宋代"褙子"实乃传统服饰的创新设计。相较"半臂"，褙子可谓"全臂"。它袖长、直领对襟、衣长至腰部以下，最显著的特征是两侧腋下有开衩，也就是衣服前后片不缝合，精致者在腋下和背后还缀有带子（如图5-1）。

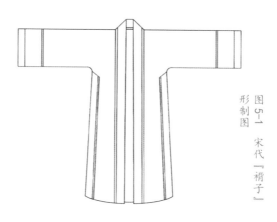

图5-1 宋代「褙子」形制图

当然，不同阶级的女性穿用的"褙子"是不同的，上流社会的女性以褒博之风为美，她们更加注意自己服饰的"身份感"，要么袖子宽大些，要么衣身长一些。总之，能显示身份的服装一定是不能"干活"的（如图5-2）。反之，再看普通妇女的褙子，为了方便劳作和行动，她们更多是穿着轻便、实用的窄袖短褙子。

图5-2 宋 佚名《盥手观花图》

今天，你戴帽子了没？

当然，宋代的女子不会叫做"帽子"，她们称之为"头冠"。从皇后到平民，人手几件。

这股戴帽之风据说也是来自"羽化登仙"的道教，诚然不是什么新鲜事，毕竟在秦汉之际也有过类似场景。女子戴冠之所以能够在宋代成为日常，主要还是受到程朱理学的影响，人们更加注重礼仪规范，从"头"开始十分必要。

凤冠

以凤凰为装饰的头冠，凤冠与霞帔是宋代贵族女子的正式礼服。

宋代皇后的凤冠上有大小花枝各 12 支，并加左右各两博鬓，青罗绣翟（文雉）十二等（即十二重行），还有必不可少的象征身份的凤凰、珍珠、花钗、翠钿。

图 5-3 是宋仁宗皇后画像，她头戴椭圆形凤冠，冠上饰凤凰、仙女，下垂的三博鬓呈"三"字形向外展开，冠沿上装饰着宽衣博袖的仙人像。图 5-4 为宋神宗皇后画像，凤冠形态与宋仁宗皇后的没有太大区别。

图 5-3 宋仁宗皇后及侍女画像

图 5-4　宋神宗皇后画像

🌸 花冠

艺术来源于生活，宋代女子喜戴花冠与她们的日常赏花活动相关。历经唐末五代十国动荡后迎来的短暂安定，人们有了相对静谧的时光去感受生活，就像今日海边、乡村度假生活方式的出现促生了沙滩裙和慵懒风格一样，宋代的花冠是她们岁月静好的体现。

宋代花冠一般是仿生花，即仿照花的形态，用各种丝绸绢纱制成，或是略加改变，形成一种新的花冠，种类多样。

其中，最具盛名的就是"一年景花冠"。"一年景花冠"顾名思义就是将一年四季的各种花卉装饰组合在幞头或纱冠，图5-3中仕女头上所戴，就是一年景花冠，正如陆游在《老学庵笔记》中记载的那样，京师妇女喜爱用四季景致为首饰衣裳纹样，从丝绸绢锦到首饰鞋袜，"皆备四时"，从头到脚展示一年四季景物的穿戴。

此外还有极具特色的重楼子花冠。重楼子花冠在今天看来可谓"建筑式仿生设计"，它既结合重楼的建筑结构，又仿照花骨朵的生态造型，同时又有宋代青绿山水景观的特点（如图5-5《千里江山图》）。如图5-6所示，女子头戴重楼子四层纱冠，第一层是贴近头发处的花托，二至四层是形如小山的花骨朵。此外，还有莲花冠、花苞冠（如图5-7）。

图5-5 北宋 王希孟《千里江山图》

图5-6 南宋钱选《招凉仕女图》中头戴重楼子花冠的仕女（右一）

图 5-7　南宋《歌乐图》中的花苞冠

❀ 元宝冠

元宝冠因外形酷似元宝而得名。女子梳高髻，戴白色元宝冠，用头簪固定，发髻两侧佩有珍珠钿。

总的看来，宋代女子所戴之冠通常源于自然，历朝历代中唯有宋代女子对冠饰极为热衷，"浓墨重彩"的冠饰也成为素雅宋服的一抹亮色。

"抹胸"：女子内衣的新穿法

宋代进入相对保守的文化环境，使女性远不能如唐代那般穿衣自由，女性别说是胸部，就连手臂、脖颈都不能暴露在外，否则就会被扣上不守妇道的骂名。

也正是在这时，新式内衣随之而来，称为"抹胸"。

宋代女子"抹胸"并不与今日的概念相同，它用来裹肚和遮蔽乳房，呈梯形，不仅掩乳，还有保暖功效，类似"肚兜"，上下左右有 4 根系带（如图 5-8）。据文献记载，宋代女子无论平民还是贵妇都喜欢内穿抹胸，外穿一件窄袖过膝褙子，由于褙子呈自然散开式，里面的抹胸若隐若现，虽不露一丝一毫，却展现千般风情。

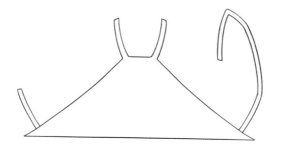

图 5-8　宋代女子抹胸示意图

　　说来有趣，"抹胸"的形式源自男性。魏晋南北朝时的男性喜穿"吊带衫"，也叫"心衣"，如《北齐校书图》（如图 3-11）中袒露上身的男性，穿的正是"心衣"。服饰在性别上发生的转移在服装史上有很多，比如高跟鞋、丝袜、工装裤等，这与性感区域的重塑紧密相关，也影响着今天服装设计的创新。

百褶裙的出现

宋代女子半身裙的一大特点是有很多"细褶"，如在福州出土的宋代黄昇墓中的半身裙就有 60 个以上的裙褶。"裙儿细褶如眉皱"正是宋代女裙的写照，可谓是最早的"百褶裙"。

"百褶裙"的裙料在 6 幅至 12 幅之间，下摆较宽大，裙长曳地，用料如此之大当然是贵族女子的特享。裙上端由唐朝时的高腰下降至自然腰部，用绸带系扎，有的在带上佩有绶环，有的在裙上绣绘图案或缀以珠玉，"绣罗裙上双鸳带""珠裙褶褶轻垂地"等即形容裙身的配饰（如图 5-10）。

另外，还有一种源自西域前后开四衩的"旋裙"，是便于骑马的装束。开衩"旋裙"最先在不受礼法约束的妓女间流行，后来宫廷贵妇也逐渐穿起这种便于活动的裙子，使其成为一种风尚。

图 5-10 福建福州宋代黄昇墓中出土的褐色罗印花褶裥裙

将叠穿"玩转"到底——合裆裤的流行

"裤裆"在宋代可谓彻底合上了。这主要是由于家具高度的变化，人们从盘足而坐转变为垂足而坐，裆部也必须缝合（如图5-11）。从出土实物的数量可以看出，合裆裤在宋代女性衣装中必不可少。

图 5-11　历代女裤变化示意图

宋代女裤很像今天的阔腿裤，长及脚踝，十分飘逸且具层次感，这源于两种不同形制裤子的叠穿。宋代女裤叠穿的颜色搭配为内裤朴素，外裤艳丽，通常是两种组合：开裆裤（内）+合裆裤（外），合裆裤（内）+合裆裤（外）。

外穿的合裆女裤是宋代女子的创造，色泽鲜艳，质地精美，多用罗、绮制成，也是宋代女性别具一格的时尚单品。外穿合裆女裤最大特点就是在两裤腿外沿开衩中缝，以此来展示叠穿在内的衬裤，如黄昇墓中出土的两外侧开中缝合裆裤（如图5-12~图5-14）。

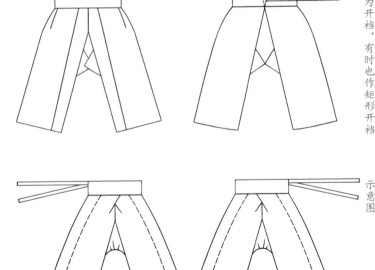

图5-12 宋代开裆女裤示意图，三角形为开裆，有时也作矩形开裆

图5-13 宋代合裆女裤示意图

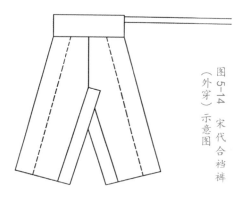

图 5-14 宋代合裆裤（外穿）示意图

郊游服饰：《清明上河图》中的女子形象

《清明上河图》是著名的北宋风俗画，从中可管窥北宋都城汴京城内的繁荣景象。

平民女子日常需要劳作，比如出现在漕运船上的女子，上穿短小窄袖衣，下穿裤，她们有的在做饭，有的在倒水，还有的坐在舱内看外面景色，形态多样，充满生活气息。从《清明上河图》的局部图（如图 5-15）中可以看出柳叶还未发芽，此时虽严冬已过，但天气依旧寒冷。除了船上劳作穿短衣的女子外，还可以看到岸边女子衣着更加厚实：身穿褐色夹衣、袍服，袖口窄小。

富贵人家最常见的奢华女装莫过于"褙子"，轻衣薄纱披挂在身上，出行坐轿，无需劳作。上层社会女性的褙子长度均在膝盖之下，而平民女性的褙子则一般较短。

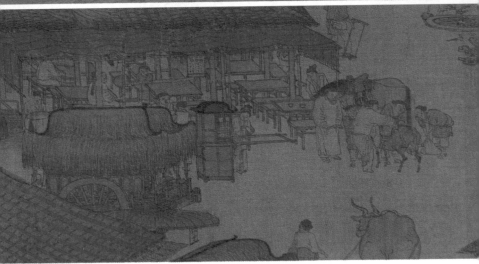

图 5-15　北宋　张择端《清明上河图》（局部）

礼宾服饰：从皇后的袆衣说起

"袆衣"自周代起就是皇后最高等级的礼服，延续至宋代没有发生太大变化。

"袆衣"的式样为一体连衣，其寓意是妇女要情感专一。

北宋皇后礼服新增为"四等制度"，这是宋仁宗时期在继承唐代袆衣、鞠衣、礼衣三等制度之上又增补了隋制的"朱衣"而成，并补充了礼衣用于乘舆、宴见，朱衣用于见客、视事等内容。

从中，我们看到了"袆衣"的绝对地位，正所谓在什么场合穿什么衣服。《宋史·舆服志》中有云："袆之衣，深青织成，翟文赤质，五色十二等。青纱中单，黼领，罗縠褾襈，蔽膝随裳色，以緅为领缘，用翟为章，三等。大带随衣色，朱里，纰其外，上以朱锦，下以绿锦，纽约用青组，革带以青衣之，白玉双佩，黑组，双大绶，小绶三，间施玉环三，青袜、舄，舄加金饰。"

结合宋代皇后画像（如图5-16），可以还原宋代皇后袆衣的基本形态（如图5-17）：深青，朱里，遍印红腹锦鸡图案，下有蔽膝，大带，翟纹，革带，脚穿加金饰的青色鞋。

图 5-16 宋宁宗皇后画像

窄袜弓鞋承莲步：缠足伊始的足服时尚

涂香莫惜莲承步，

长愁罗袜凌波去。

只见舞回风，

都无行处踪。

偷穿宫样稳，

并立双趺困。

纤妙说应难，

须从掌上看。

这是北宋文学家苏轼所作的《菩萨蛮·咏足》，也是中国诗词史上歌咏缠足的第一首。

从现存诗词对缠足的写作来看，宋代确实已有缠足，但从实际情况来看，比如敦煌壁画中的北宋女子，以及北宋画家王居正所绘《纺车图》中的女子都是平底大脚（如图5-18）。

大约在北宋晚期宋徽宗宣和年间（1119—1125）缠足风俗有了一个较大的发展，比如在宋代《枫窗小牍》中就曾记

图5-18 北宋 王居正
《纺车图》（局部）

载了宣和以后，当时的东京汴梁女性闺阁中屡见不鲜的有"花靴弓履"。特别要指出的是这时期出现了专门的"缠足鞋"，民间称其为"错到底"，如此称谓是否因为当时已认识到缠足是种错误？

南宋绘画的图像中，女鞋的尺寸就明显偏小，比如南宋《杂剧人物图》（如图 5-19）中的女足更为纤小，说明缠足的风气在当时非常盛行。

考古中，南宋妇女缠足鞋袜也多有发现。1975 年，福州浮仓山北坡发现了一座南宋时期的贵族墓葬，墓主名叫黄昇，是一位年轻的贵妇。她脚上缠着黄灰色罗裹足带，套黄褐色绢袜，穿褐色提花罗平底翘头鞋，她的包袱里还有平底褐色罗翘头弓鞋 5 双、袜子 15 双，这是宋代考古发现中出土鞋袜较多的一次（如图 5-20、图 5-21）。

图 5-19 南宋 《杂剧人物图》 佚名

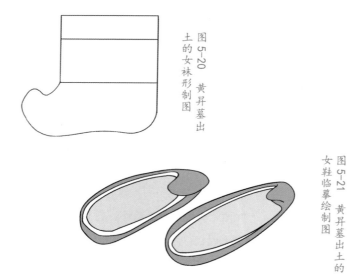

图 5-20　黄昇墓出土的女袜形制图

图 5-21　黄昇墓出土的女鞋临摹绘制图

流行妆容与发型

　　宋代闺秀喜在额上和两颊间贴金箔或彩纸剪成的"花子"。贴"花子"的手法十分简单，只需用口呵嘘就能粘贴。

　　女子喜欢戴各式各样的"冠"，也因此将发髻越梳越高。但并不是每个人都发质浓密，作出如此高大的发髻，也经常会在真发中添加假发（如图 5-22）。宋代边境地区的女真族有一种发式为"女真妆"，是束发垂在脑后的式样，在宫廷和民间影响十分广泛。

双螺髻 朝天髻 宝髻

双丫髻 双髻 三环髻

图 5-22 宋代女子发式图

古为今用——搭配指南

❀ 上衣下裤

右襟短襦窄口上衣，下配两侧开衩阔腿裤，露出脚踝，足穿青色圆头布面平底鞋。

❀ 上衣下裙

外穿鹅黄色素纱褙子，内穿白色无肩带式齐腰抹胸，下穿齐踝百褶裙，足穿裸粉色尖头平底缎面女鞋。

宋代女子服饰的"窄"型将女性身体线条展现得更为细长，服饰也较其他朝代更为贴身，或者从某种程度来说，与今日的"骨感"更为近似。因此，在借鉴宋代女子服饰的风格时，应取"修身"的长处，避免追求传统服饰的宽博，这也是宋代服饰的特色。

最炫民族风

辽金元时期的服饰华彩

双柳垂鬟别样梳，醉来马上倩人扶。

江南有眼何曾见，争卷珠帘看固姑。

——聂守真《咏胡妇》

五代十国以后，与两宋并存的有北方的辽、西夏、金、蒙古政权。907 年，辽太祖掌握契丹军政大权，建立了辽国。1125 年，金灭辽；1234 年，蒙古灭金；1279 年元灭南宋，蒙古族入主中原。辽、西夏、金、蒙古（后为元）都是中国北方游牧民族建立的政权，从服饰来看，他们既有汉族服饰的秩序感，又具有本民族的特色。在多民族相互影响的环境下，这一时期的女子服饰一改宋时的"清淡"，成为服装史上"浓墨重彩"的一笔。

女子团衫

　　元末明初杂剧作家贾仲明所著的杂剧《金安寿》中有"团衫璎珞缀珍珠，绣包髻䴔鹉袄"的描述，这里提到的"团衫"，是蒙古女子的袍服，南方人称其为"大衣"。唐朝时也有"团衫"的称谓，它指的是一种男子官员的袍衫，圆领，腰间系带。不同于唐朝时的"团衫"，辽金元时期的女装"团衫"则为另一种风格（如图 6-1）。

　　极具"民族风"的团衫是一种连体袍服，前长及地，后长拖尾，但不是圆领，而是交领左衽。虽然宋代之后北方地区的少数民族，多趋同于中原汉人的"右衽"，但团衫始终保持了"左衽"的特征。

　　团衫的版型十分宽大，且设计精妙。虽然它衣袖肥大，但是袖口却紧窄，很像今天的蝙蝠衫、灯笼袖，在当时尽显贵族风范的同时也便于日常行动。在团衫里面，女子会穿两条裤腿分开的套裤，这很像今天的套袖，只不过是穿在腿上，这样不仅便于穿靴骑马，还利于保暖。身份越尊贵的女性，团衫长度就越长，也会用更为高级的锦、绒、毛制品制作；皇室女眷还会在肩部装饰云肩，如"金绣云肩翠玉缨"，说的也正是团衫的华丽，颜色一般为黑、紫、绀诸色，远看就像"霸气"的披风，十分大气，在举手投足间尽显潇洒。难怪在今天售卖民族风服饰的店铺中，带有蒙古服饰特色的现代服装销量最好。

图6-1 内蒙古赤峰市沙子山元墓出土《夫妻对坐图》中女性所着的大衣团衫

姑姑冠

在身着艳丽团衫赴宴或参加典礼时的元代贵族妇女身上，姑姑冠是必不可少的首饰。

姑姑冠，也叫固姑冠或顾姑冠，外形上宽下窄，高耸于头顶，约有一尺高，像一个倒过来的长颈瓶。它通常用铁丝和桦木制成骨架，外用皮、纸、绒、绢等裱糊，再加上金箔、珠花各种饰物。由于其本身的华丽，头戴姑姑冠的女性，除了耳饰外，通常不会再佩戴其他饰品，从元世祖后像（如图6-2）中就能看到缀有各式珠宝装饰的姑姑冠。

图6-2 元世祖后像

元王朝较为稳定后，如此别具一格的头部饰品成为汉族传统饰品中的另类"风景"，虽然在宋代也出现高耸的"重楼子花冠"（参见图5-6），但造型却不会这般细长。或许也的确没有其他象征意味，姑姑冠在元代皇室中的流行并没有影响到广大中原地区女子的日常装扮，仅是停留在观赏的层面，正所谓"江南有眼何曾见，争卷珠帘看固姑"。

"泼天"的富贵：织金锦与纳石失

中国东北、西北地区的金店与皮草市场，往往比其他地区要繁荣许多，这或许可以追溯至辽金元时期。

从出土实物来看，中原地区相较于东北、西北，其玉石器物的数量往往多于金银和纺织品。自汉以来，中原地区就出现了将金银与织物的结合售卖至西北地区，换取牛、羊、马匹及玉石。织物中，中国丝织物加金的时间目前可追溯到战国前后，早期仅是将金制成薄片，上刻花纹作为衣服装饰。真正将金作为织物约是在汉代，但皇室中仅是用金线穿珠或玉片，如金缕玉衣中的"金缕"。

辽金元时期的贵族掌握权力后，将对织物加金的喜爱发挥至极致。比如在金兵破汴梁后，除织工外，妇女多被掳去刺绣、织锦；金章宗为改造殿廷陈设耗时两年，织锦工共一千二百人，殿廷装饰极尽奢华，诸如帷幕、被褥、椅垫等皆为金线织成的各色华丽织物；甚至有的军营帐篷都是用金线织成的。

而在所有的织金纺织品中，纳石失（又叫纳石矢、纳什失等，源于外来语音译）当属"头部"奢侈品，是帝后宗亲的专享。它与传统织金（金缎子）最大的不同在于经纬线编织的组织结构，在赵丰所著的《锦程：中国丝绸与丝绸之路》中，他通过实物的比对做出区分（表6-1），说明纳石失无论是在技法还是在织物纹样上都属于西域风格。通常，两种织金的手法交相使用，成为元代贵族服饰的一大特色。

表 6-1 纳石失与传统织金（金缎子）对比分析

种类	纳石失	金缎子
组织	特结型重组织	地络型重组织
图案	西域风情，满地	中原风格，清地
金线	缕皮傅金	纸背片金
门幅	幅宽较大，80~90 厘米	幅宽较小，60~70 厘米
织技	通梭织造	经常通经断纬
价格	较贵	便宜

北方"马王堆"：金代齐国王墓葬出土的"王后"服饰

1988年，考古人员在黑龙江省阿城市巨源乡发掘出一石椁木棺墓，经证实其为金朝齐国王完颜晏夫妇合葬墓。但墓葬中女子是否为其正室王后，身份还有待证实。这一墓葬因其出土文物数量繁多而有北方"马王堆"之称。

铁骑民族用武力征服中原后，也像前朝一样颁布《舆服志》，并强调"女真人不得改为汉姓及学南人装束"；常服也要保留必备的四件套"带、巾、盘领衣、乌皮靴"；女子服饰要以左衽黑紫色团衫为主，腰间可系垂至膝盖处的红黄色绸带。这些规定在墓葬女主人的服饰中清晰地呈现出来。

女子服饰奢华至极，出土实物中也保留得较为完整。据统计，其身着服饰冠带共9层16件。袍、衫、裙、抹胸、吊敦（套裤）、腰带、头冠、鞋袜等一应俱全。最为显著的是外穿的紫地云鹤纹织金锦，图案与制法上都具有鲜明的地方性和民族特色。但在冠帽上，金代女性头饰却融合了宋代后妃特色，也采用冠上的花珠数量区别身份，墓葬中也发现了女式花珠冠（如图6-3），上缀莲花纹，共计500余颗珍珠。当然，贵族女子日常最钟爱的还是金银冠，如在辽代陈国公主墓中的高翅鎏金银冠，十分炫目（如图6-4）。

图6-3 黑龙江出土金朝齐国王完颜晏夫妇墓中的女式花珠冠

图6-4 内蒙古出土辽陈国公主墓中的高翅鎏金银冠

美了千年 女子服饰时尚风潮

流行妆容与发型

从今日各式美妆教程来看，眉形始终是重要部分，任何一个化妆新手都知其对整体颜值与气质的影响。另外，不同时代的眉形各具特色，比如当下流行水雾眉、野生眉等，以及搭配各式眼妆的画眉技术，这是现代社会的特点。从中国女性妆容史来看，古代女子并不如今日这般重视"眼妆"，重点主要在"眉"。

宋代以前，女子眉形丰富多样，尤其隋唐五代时期，"阔""窄""长""浓"各式各样，包罗万象。自由、开放的社会文化无论对女子的服饰还是妆容都有巨大的影响，使之展现出时代的创造力。宋以降，程朱理学兴起，克己复礼的思想在女性中逐渐凸显，女性美的标准从艳丽、奔放走向内敛、含蓄、严谨，这一点在眉妆中极为明显。宋代之后，过去百花齐放的眉形基本转变为单一的细长蛾眉——"一字眉"持续至明清，流行不减，元代贵族女子眉形也多为平直蛾眉，或许是为了显得端庄（如图6-2）。

面妆上，这一时期最大的特色是女子用金色黄粉涂面，眉心装饰花钿做"花钿妆"。

在女子发式方面，尽管元代发式保留了宋代某些传统，但其主要风格已经发生了变化，呈现蒙古族的民族特色。北方成年女性多梳椎髻，少女梳双辫；南方女子多保留了宋代某些传统，云髻、盘龙髻等发式备受喜爱。

古为今用——搭配指南

左、右衽历经多元文化融合，于今日已不是争议的焦点。一袭黑紫色"V"领收腰连衣裙，衣身饰双鹿花鸟纹，衣裙遍绣全枝花；肩膀处加宽垫肩，上绣祥云，尽显飒爽英姿；腰间束红、黄绦带，足蹬银色皮靴，尽显异域风情。

第柒章——

传统服饰的再创新

大明华裳

一洗胡俗，民皆复古。

自宋朝以来，中国一直处于多民族融合的状态。明朝政权建立后，非常重视整顿和恢复汉族传统礼仪。明太祖废除了元朝的服饰制度，上采周汉之制，下取唐宋之风，中华传统服饰文化的辉煌在这一时期可谓达至顶峰，女子时尚也因过往的"传统"而更加"传统"。

皇后的礼服与常服

明代为使皇室女眷及朝廷命妇的服饰尽快脱离元代服饰形态，其服饰烦冗规定的结果就是贵族女子的服饰十分华丽，朝廷也不得不专设"冠服钞"来达到"去胡化"的目的。

元代服饰的显著特征就是窄袖短衣、两截穿衣，这与褒衣博带的汉族服饰远远不同。于是在明初皇后命妇服制中，大袖深衣重新回归，成为主流女子服饰形态，皇后礼服依旧是最为正统的袆衣。

头戴翡翠圆冠，上饰九龙四凤、大小珠花各十二树，四博鬓，十二钿。身穿袆衣，在受册、谒庙、朝会等重大场合服礼服，其他则服常服。

诚然，皇室女子服饰是一种穿衣示范，尤其是常服的设定，它不同于使用场合较少的礼服，常服的形态将会在引领一朝新形象中起到重要作用。这或许也是明代女子常服多次修订的原因，在历经几次更改后，最先完善的是明朝皇后的常服，它以更为具体的一种形态呈现在文本中：头戴双凤翊龙冠，以皂縠为之，附以翠博山，上饰翊珠金龙一；身穿黄衫，深青霞帔，织金云霞龙纹，珠玉坠子；褙子深青金绣团龙纹；鞠衣红色，前后织金云龙纹，饰以珠。

从这一规定中可以看出，皇后常服无论是冠式还是衣服款式都十分明确。由于传统服装等级秩序是通过图案与颜色体现的，而无关乎式样的模仿，衫、褙子、霞帔等汉族女子主流服饰重新回到时尚舞台。

"休闲"时尚：鱼肚袖短衫与马面裙

衫与裙的上衣下裳组合一直以来都是女子日常休闲服饰中的首选。在基本形制不变的前提下，新的装饰元素与工艺总会适时出现，这是中国服饰千百年来虽只用平面裁剪但也依旧能推陈出新的原因。明代时，丝织品种类繁多，每一种丝织品因其织造工艺及色彩、质料等不同而形成各具特色的制品，这也赋予了明代女子服饰造型上的特点。

"鱼肚袖短衫"是明中期的流行着装，式样类似民国时期立体裁剪的喇叭袖短袄，都是做宽大袖口处理。从出土实物来看，鱼肚衫有收腰的迹象，交领右衽，在右边腋下系带固定。依据材质与色彩的不同，"鱼肚袖短衫"可打底也可外穿（如图7-1）。

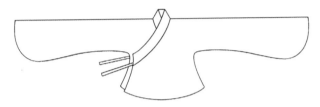

图7-1　浙江杨家桥明墓出土的天顺年间"四合如意暗花云纹女衫"图（鱼肚袖短衫形制图）

半身裙中当属马面裙最为流行，它的设计以裙子分成四片为主（如图7-2）。这种设计最早可以追溯到南宋时期，而明代更是将其发展成了裙子两侧打褶，中间留有一段平整的布料，这就是所谓的"马面"。裙子的底部和膝盖位置则装饰有各种图案的宽边，被称为"襕"，这成为明代女性裙装设计的典型元素。随着马面裙的发展，两侧打褶越来越多（如图7-3），"百褶马面裙"也由此而来。

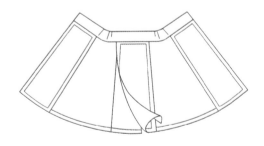

图7-2　马面裙示意图

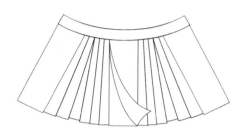

图7-3 百褶马面裙示意图

鬓髻之上戴"头面"

"头面"指的是头上所戴的各式簪钗首饰，这是明代女性头饰的流行语，也是明代贵族妇女圈的奢侈品之一。描写明代社会风貌等的小说《金瓶梅》《醒世姻缘传》对女性角色的妆容描述，以及诸多明代官宦女眷墓葬中均有"头面"。

"头面"不同于传统簪钗之处，在于其可戴在头上的任何位置。例如，明代常见的"分心"头饰，其正中插戴的簪子大致呈水滴形状，形成心形，通常簪脚朝上。由于是正面佩戴，因此"分心"上常常装饰着端庄的观音、南极仙翁等神佛，就像明代肃王妃熊氏所佩戴的一件金累丝嵌珠镶白玉的送子观音满池娇"分心"（如图7-4）。

图7-4　甘肃兰州出土明代肃王妃的金累丝嵌珠镶白玉
送子观音满池娇"分心"

　　不同于直接将簪钗插在发髻上，头面需先有"鬏髻"（如
图7-5）。明代女性常戴的鬏髻，源自宋代的包髻和特髻，
都是高高的发髻。最初可能是用真发编制而成，也可以用马
尾、篾丝，甚至金银丝编织而成，内外可以加上衬垫和纱巾，
模拟真发髻的效果，戴在头顶的真发髻上，不仅是一种装饰，
也能适应不同场合的不同发型。鬏髻能够保持稳定的形状，

图 7-5 明代鎏金鬏髻（上海博物馆藏）

第柒章　大明华裳·传统服饰的再创新　121

方便佩戴各种头饰，最常见的形状是尖锥状。在明代初期多见这种类型，之后还出现了各种高低、尖扁不一的形状，还有圆顶、后倾甚至扭心后卷及模仿梁冠的样式。为了方便佩戴头饰，鬏髻的前后和两侧还会有各种孔眼。

明代女子"头面"已经形成一套相对固定的插戴位置和称谓，常见的头面有"分心"、"挑心"（如图7-6）、"满冠"、"掩鬓"、"钿儿"等。鬏髻之上的"头面"（如图7-7），无论是鬏髻的材质还是"头面"上的镶嵌都足以彰显其主人的身份地位。

图7-6　明代金梵文"挑心"（常州市武进区博物馆藏）

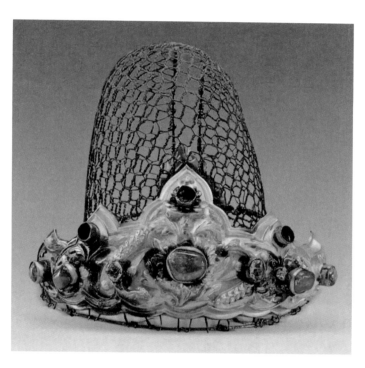

图 7-7　上海李惠利中学明墓出土的"头面"

褙子的升级款——披风：明代贵族女性的时尚单品

在今日看来，披风即是披在肩背上的防风外衣，它更像是侠客的户外装备，而远非一种时尚单品。

中国传统服饰的形式并没有明显的男女之分，同一种服饰常常在不同性别之间流行，这与西方时尚史中女装常常借鉴男装元素的情况不同。在明朝时期，披风成为贵族和名流的时尚服饰之一。这种明代男女都穿的披风（如图7-8），是从宋代的褙子（如图7-9）演变而来的一种服饰，它的特点是直领、两边开衩、有袖并且及膝。与宋代的褙子相比，披风的衣身和袖子更长，这也增加了披风作为外衣的庄重感。在《大明会典》中，披风通常是命妇的服饰要求，这也反映了披风作为一种身份象征成为特定时期的高阶时尚。

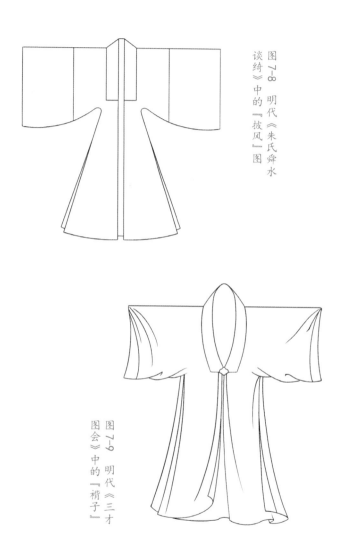

图 7-8 明代《朱氏舜水谈绮》中的「披风」图

图 7-9 明代《三才图会》中的「褙子」

如果说宋代的女装是低调的奢华，那么到了明代则逐渐有刻意彰显的风采。明代女子披风常常采用素绸、天鹅纹绢、素缎、织花锦缎、绣缎等贵重纺织材料制成，比如在《天水冰山录》中就提到了严嵩家的纳锦八仙绢女披风、大红素罗披风、红剪绒獬豸披风等。此外，在披风敞开的直领下，内搭的立领对襟衫子上点缀的金纽扣更是奢华至极。这主要是因为在明代之前，服装通常是用系扎的方式固定，而金扣因其工艺和特殊性也成为奢侈象征，就像现代奢侈品初兴时刻意放大的标识一样，成为日常彰显"非凡"的物件，但实用性或许并不尽如人意。另外，这也促成了明代贵族女装圈"披风外衣加金扣高领打底长衫"的穿搭组合（如图7-10）。

图7-10 明代《妇人像》

她的袜，她的鞋

至明代，缠足已极为兴盛。在今日，我们称之为陋习。

关于缠足的起源和历史，学术界有很多研究，在此不作赘述。但可确定的是，在人类历史早期，女性的足部审美定不是"畸形"的。例如，《诗经》中有100多首与女性相关的作品，反映了从西周到春秋时期对女性身体美的看法是"健壮"的。比如《卫风·硕人》的开篇写道，"硕人其颀"，《小雅·白华》中也提到"啸歌伤怀，念彼硕人"，"硕"即为身材健壮。《诗经译注》中提到"在古代不论男女，皆以高大修长为美"，这是对女性身体的理想审美。因此，在小而弱的"三寸金莲"之前，人们一定是欣赏过天足的美的。

然而，天足的美并不意味着大脚就是美。东汉末年的诗歌《孔雀东南飞》中就有"纤纤作细步，精妙世无双"的描写，曹植《洛神赋》中在赞赏美女洛神时则言"凌波微步，罗袜生尘"。这都是在赞赏纤小的脚，女子的美在于其步态营造出的轻盈飘逸的感觉。最易做比对的为唐代，其文化融合西北胡风，女性自我的身体意识也强于其他朝代。唐代女子将足部裸露在外并不是娇羞之事，李白的作品中就曾赞赏过"一双金齿屐，两足白如霜"的浣纱女。李白作品中将裸露的女足经常称作"素足"，比如"屐上足如霜，不著鸦头袜"的美女，还有要见情郎的"东阳素足女"。

从前文中我们可以看到宋代初兴时缠足形式仅限于把脚裹得细长、瘦小，还没有之后畸形的弓形。黄庭坚在《满庭芳·妓女》中的"从伊便，窄袜弓鞋"及宋词中诸如"罗袜""纤足""凌波袜"之类的文学辞藻，都反映出即使在"三寸金莲"之前的年代，肤白、紧窄、纤细的足部也一直为文人所"欣赏"。

明代文人社会流行品鉴小脚，其中最著名的要数晚明文学家李渔。缠足的"美"在于纺织品层层包裹后的整体观感，而非畸形的足：或者是若隐若现的神秘，或者是步态妖娆的娇羞。这也因此衍生出明代小脚足服中流行的"褶衣"（又称"膝裤"），即系扎在小腿处的两条裤腿，下至脚踝、上至膝盖（如图7-11、图7-12）。李渔认为，三寸金莲要褶裤罩在上面，不然就是一朵无叶之花，不耐看了。明代余怀在《妇人鞋袜辨》中将其称作妇人的"袜"（"古妇人皆着袜""袜一名'膝裤'"）。在现今学者高彦颐的研究中，这些包裹小脚的件件足服正如同女性的"内衣"，它们对于欣赏者来说"延长了期待的乐趣"，也成为妓女文化在清末引领足服时尚的原因。

在新的审美标准之下，那些引以为傲的"缠足者"睡觉时都不会脱去小袜和膝裤，展现在外的弓鞋一方面是她们为自己编织的美梦——设计不同款式、刺绣精美图案，另一方面也成为男性观赏的对象。

图7-11 泰州博物馆藏
明代女子花缎膝裤

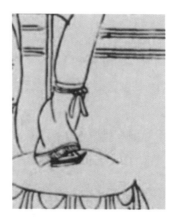

图7-12 明木刻版画中
穿膝裤细节图

流行妆容与发型

千百年的女性妆容都在追求色彩或装饰在面部的体现，至明朝发生了一些变化，在妆面、眉形、唇妆等方面的发展呈现出现代性特征。

明代贵族女性的妆面更为素净，脂粉色浅淡清雅，很少有浓妆铺面的女性形象，中老年命妇已接近素颜，最高级的化妆是看起来没有化妆，这是现今美妆界"裸妆"追求的境界。此外，还出现了面部提亮的化妆方法，即在额头、鼻尖、下颚处涂上白粉（如图7-13），这一手法很像今日"高光"的画法。明代女子还掌握了线绞、刀削等修眉方法，她们以纤细修长的眉毛为尚，整体看来与今日的眉形和画法相差不大。樱桃小口的唇妆通过集中涂抹整个唇部内侧完成。在化妆品方面，明代女性创造出了新的妆粉，如"珍珠粉"和"玉粉"，以及"胡胭脂"。

发式上除前文所说的鬓髻与头面，日常还流行一种叫做"一窝丝"的发型。一窝丝是把满头青丝不加编辫，也不绾束，直接盘在头上，手法简易且美观，类似于当下的"丸子头"。明定陵出土的孝端皇后的发髻，就是把头发用带扎后盘在脑后，用金簪固定；孝靖皇后也是把头发理顺后盘绕一周，余发掩于髻下，再插金玉簪。

明代贵族女性还喜欢佩戴名为"卧兔儿"的额饰（如图

7-14）。这种装饰
通常是在寒冷的冬
季戴在额头上，由
貂鼠、狐狸、海獭
等动物的皮毛制成。
在明清时期，女性
经常在"卧兔儿"
的下端正中部点缀
珠饰，显得庄重而
华丽。

图7-13　明　唐寅《王蜀宫妓图》

图 7-14 额间"卧兔儿"装饰

古为今用——搭配指南

明代是中国汉服历史上的巅峰时期，其独特的服饰文化影响至今。右图这组搭配为修身立领短衫搭配高腰马面裙，足蹬短筒袜靴。这是借鉴明代元素展现更为现代的设计，短筒袜靴也像是掩盖住脚面的膝裤，足的审美在今天以尖头高跟的另一种"弓形"的性感继续呈现。当下，汉服风潮中的诸多元素借鉴了明朝女装，并将其融入现代设计之中，展现出独特的时尚魅力。

第捌章———

「满」庭芳

堆砌的繁华与逝去的时尚

在清朝近三百年的统治里，女人竟没有什么时装可言。女子的衣物不过是明代遗风，宽大的衫裤只为流露出四平八稳的沉着气象。

清朝入关之后，开始实行"十从十不从"的着装政策，汉族男子和满族男子一样，被要求穿着满族式的男装。而在女性着装方面，则允许汉族女性穿着汉族传统女装。满、汉女性服饰风格展现出"异同之美"，经过两个多世纪的融合，最终形成了清代女性特有的服饰审美特征。

敢穿，不得不说慈禧

慈禧热爱穿衣打扮与个人保养是出了名的，从她青年到晚年皆是如此。到了晚年更是有一天更换一件衣服的说法。此外，在繁密的规矩框架下，她也十分具有穿衣个性，比如特别在意衣服的用色、材质、花纹等细节之处。通常宫廷画师根据她的意愿绘成她满意的小样，然后内务府再送小样至千里以外的江南三织造去缝制。《三织造缴回档》中多处档案记载，送去织造局的小样往往积压过多，总不能如期完成，再送回千里以外的京城时，已经不是慈禧喜欢的时样了。对此，慈禧便在北京城内重新建了个织造局——绮华馆（今中南海东门内偏南处），使自己的衣帽可及时更新。

🔸 宫廷时尚——"氅衣"

慈禧最钟爱的服装款式是氅衣。氅衣原本是汉族人日常穿着的服饰，如今天的大衣，通常穿在服装最外面一层，清初时朝廷并不允许满人穿着。故宫藏品中可见宫廷中氅衣最早出现于道光年间。它的形制为：圆领右衽，左右开衩（裾）；宽袖，袖长及肘，袖头部分可以拆卸成可替换挽袖；直掇，长至脚面，穿着时需要盖住脚面只露出花盆鞋的高底（如图8-1）。和氅衣十分类似的另一种不得不提的清代服饰单品即为衬衣（如图8-2），这二者外形看来十分相似，也都是日常便服，不同之处在于氅衣为左右开衩（裾），衬衣则是无开衩（裾），所以衬衣可以单穿，或外套马褂、氅衣等其他物件。但是氅衣由于开衩较高，必须搭配衬衣、便袍等一些不开衩的服装。晚清氅衣在结构上同样采用前后片为整幅布连裁的十字形结构剪裁，但是为保留满族特色，氅衣和其他满族服饰一样，也有较高且可拆卸的立领。同时期的汉族氅衣依旧是无领式样，或者是较低的领子。

图8-1 清光绪年间明黄色绸绣牡丹平金团寿单氅衣（故宫博物院藏）

图8-2 清同治年间杏黄团花卉暗花绸女衬衣（故宫博物院藏）

氅衣不同于满族传统服饰的地方还在于：它是长袍宽袖，而满族传统为长袍窄袖。这样的氅衣穿起来更为舒适方便，慈禧对它喜爱万分。一个手握权力又爱美的皇太后对满、汉服装的界限自然不关心。慈禧对它的追求极尽奢华，专属她的氅衣面料精致，刺绣繁密，衣边的装饰道数越来越多，如下文所述的"十八镶滚"。借由慈禧对它的喜爱，做工精细的氅衣一时间成为晚清后宫中的风尚。在一些材料中也看到，至光绪以后，宫中的氅衣用量已经很大，甚至在皇后大婚中的服饰中也有出现。慈禧对满汉服饰融合的影响可见一斑。

🌸 僭越等级——慈禧与"十二章纹"

单单穿个汉人的氅衣并不能说慈禧是独具个性的创新者，但更猛的是她直接使用了只有帝王才可采用的十二章纹（如图8-3）。

历代帝王都有冕服，服饰上会有十二章纹，即日、月、星辰、山、龙、华虫、宗彝、藻、火、粉米、黼、黻。仅皇帝可将十二

图8-3 象征皇权和身份的「十二章纹」

章全绣于衣服上。慈禧在此又做了个创举，在她垂帘听政后，便将十二章纹用于自己的衣饰（如图8-4与图8-5）。

图 8-4　绣有十二章纹的慈禧龙袍

图 8-5　1903 年穿龙袍的慈禧

《内务府来文》和《三织造缴回档》中记载，光绪十年（1884）江南三织造奉旨开始为皇太后慈禧穿用的朝袍与朝褂绣上十二章纹；光绪二十六年（1900）分派江宁的丝织品中，标有"皇太后御用：明黄江绸地透绣十二章五彩云八吉祥加寿字金龙旗袍面一件……"这早已不符合《大清会典》中的服饰规定。不仅如此，慈禧除了自己不遵守服饰规定外，还在赐服上让他人也不遵守规定，如赏赐给亲王和福晋带章的蟒袍。这已超越了皇子服饰规定，前朝从未有过。当然，慈禧赏赐的也不是别人，而是她最中意的恭亲王奕䜣，以及自己的亲妹夫醇亲王奕譞。此外，她还在自己钟爱的氅衣上刺绣龙纹，后宫女眷在朝服之外用龙纹，慈禧也是首例，这同样也是不合规制的。可那又如何，一个直接将十二章纹都穿在身上的皇太后，还有什么不敢穿的呢？

如今，去故宫博物院中还可见到保存完整的带有十二章纹的女朝服。我们可以看到在这件服饰上除了十二章纹以外还有十分明显的"佛"字。这也许并不是她个性的展现，而是由于慈禧信佛，且经常认为自己是观世音转世，是菩萨在人间的化身。她在晚年还会扮成观世音的样子让他人拍照。最具代表性的是在她七十大寿时，她身穿团花纹清装或团形寿字纹袍，头戴毗卢帽，外加五佛冠，左手捧净水瓶或搁在膝上，右手执念珠一串或柳树枝。李莲英扮成善财童子或守护神韦陀站在其身右，左边则是其他宫女装扮的龙女（如图

8-6）。这样的臆想和行为在今天看来匪夷所思，但是对于一个至高无上的当权者而言，随心所欲似乎也是她的权力。

毫无疑问，慈禧撼动了原本森严的服饰等级制度，但从另一角度来说，服饰作为等级象征这一体系的松动也意味着晚清封建政治制度已日渐衰落。

图8-6　慈禧七十大寿时扮观音的照片

十八镶滚——由"简"入"奢"的服饰艺术

清初满汉文化融合时期的社会审美风尚充满活力和弹性，体现了历史发展的趋势。满族和汉族妇女相互影响，导致服饰风格由简朴向奢华转变，"贵即美""奢即荣"和"新即尚"这种社会风尚逐渐盛行，直至康熙、雍正、乾隆三朝达到巅峰。

最典型的是清代女装衣缘装饰的变化。传统镶滚工艺属于中国传统服饰工艺中典型的缘边工艺，通常在服装的领、襟、底边、袖口、下摆、裤脚等部位的边缘进行装饰。但是在清代，由于满汉服饰文化的融合，女装衣袖逐渐挺括（如图8-7），为缘饰提供了更大的空间，衣襟、衣领、下摆等处都出现了宽窄不一、纹样复杂的花边，镶滚条数目从三镶三滚、五镶五滚发展到十八镶滚，原本处于边缘的装饰甚至抢占了服饰的中心图案（如图8-8）。

　　清代对华丽材质、精美纹饰和精细工艺的追求，导致服饰审美日益精致而俗气。复杂烦琐的纹饰堆积在服装上，摒弃了简洁大方之美，成为这一时期服饰发展的主流趋势。

图8-7　清代深玫红提花绸饰四合如意云肩女袄

图8-8　清代宝蓝色暗花绸五彩绣挽袖夹氅衣

将装饰进行到底：领巾与云肩

清代满族服装的形制多为圆领，衣领分开。流行的氅衣没有领子，而是配以一条约2寸（约6.67厘米）宽的领巾，也称为"卷领"，崇彝在《道咸以来朝野杂记》中记载"以氅衣有绣花挽袖加卷领为恭。氅衣无领，随时必加卷领。"领巾（如图8-9）的材质有绢、罗、缎、纱、皮、绒等，根据季节气候变化搭配不同，直到晚清时期才开始流行衣领与领巾相连的立领。

云肩，又称披肩，是一种绕脖披于肩部的衣饰。早在隋唐时期，敦煌壁画中就有观音菩萨身披云肩的形象，具有神话意味。明代的云肩多为绣在肩膀上的服饰图案，比如在洪武四年曾规定二品命妇衣用"金绣云肩大杂花"，至清代云肩成为独立在肩上的装饰物件。云肩的制作工艺相对复杂，多采用彩锦绣制（如图8-10），尤其在清代中晚期，人们更注重用精美繁复的花纹来衬托头面，制作技艺越发讲究。慈禧所穿的珍珠云肩则用珍珠代替布料刺绣，极具装饰价值与艺术美感。

图8-9 清《孝慎成皇后观莲图》

图8-10 清代三色缎刺绣三层四合如意云肩

美了千年 女子服饰时尚风潮

流行妆容与发型

明代以来理学的发展，逐渐使妇女的贞烈与宗教联系起来。清代由于汉族男子在政治上的没落，在家庭当中便愈发强化对于女性的控制。在社会学家、历史学家董家遵对《古今图书集成》历代节妇烈女的统计中，明清两代的节烈妇人占历代节烈妇女的三分之二，对女性贞洁与道德的要求日益走向制度化与宗教化，通常获此旌表的多为民间普通妇人，以此彰显自己与家族荣耀。

因此，在更极致的三从四德、温良恭俭等传统礼教秩序的影响下，女性在日常生活中更加顺从和谦恭。从清代画像中的汉族女性来看，她们多呈温柔娴静的形象，面妆比明代更加朴素，眉妆多为修长纤细的八字眉或长蛾眉，几乎不画眼妆。

同时，清代满族女子也妆容清淡，宫廷贵族女性的面妆大都很朴素。她们的身份地位主要通过华丽的服饰和头饰来体现，如大拉翅，以及满族女性戴多个耳环的特色，一耳多钳是最典型的特征。至乾隆时期，贵族女性唇妆开始浓郁，特色是"地盖天"唇妆。所谓"地盖天"就是把下唇涂满，但上唇保持素色。到了道光时期，唇妆逐渐缩小，甚至缩小成一个小红点，这大概源自汉族女子樱桃小口审美的影响。此外，宫女也只有在特殊场合才能穿艳色服饰并化妆，这也是相较于其他朝代清廷较少出现宫女丑闻的原因之一。

古为今用——搭配指南

　　至清代，女子服饰形制虽没有太大变化，但在纹样上融会了历代服饰的精髓，形成了丰富多彩的纹样。在现代搭配中，上身可采用氅衣的基本形态，衣长缩短、加置立领，以黑色为主色调去除繁缛装饰，取七彩凤凰作主体图案，镶嵌、刺绣等工艺技法同样以黑色暗纹装饰缘边，取繁化简。下身为黑色长裤，左右两侧裤缝处作二方连续式海潮纹或云纹。靴以清代男士厚底朝靴为原型，靴口处保留切口状，纯黑靴面，缘边与鞋头刺绣牡丹、海棠纹。

后记

　　最后，我们再聊聊"时尚"是什么。提到"时尚"，我们会很自然地想到时装周、秀场、模特、设计师服装系列……这些扑面而来的"时尚"场景源自我们在现代生活中的观看与体验。很显然这些都属于现代时尚，回看中国，这些皆是近代之后基于工业发展而产生的。

　　晚清以来，与"时尚"最直接相关的英文单词——"fashion"出现在大众视野。"fashion"一词早期的翻译并没有对应"时尚"，而是取其音译"翻新"。比如晚清诗人丘逢甲在《台湾竹枝词》中就借用了这种转译："相约明朝好进香，翻新花样到衣裳。低梳两鬓花双插，要斗时新上海妆。"某种程度上来说从中国古代的时尚到现代西方意义上的"fashion"，的确是在"翻新"，而翻的这种"新"似乎将古代时尚的概念抹除了，只留下了现代意义上的"fashion"（时尚），也就是以德国社会学家齐美尔"时尚起源论"为中心的时尚，是阶级分野的产物，抑或是现代性与资本主义的产物。但这种观点在历史长达几千年的中国并不适用。

　　古代中国，考据可得与"时尚"最相近的一个词是唐代的"时世妆"。白居易以此作为自己的诗名与素材写过两首诗，其中一首是《上阳白发人》："小头鞋履窄衣裳，青黛点眉眉细长。外人不见见应笑，天宝末年时世妆。"在这里，白居易描绘了唐玄宗李隆基时期流行的服饰与眉形（小头鞋、窄衣裳、青黛眉），并将此定名为"时世妆"。"时世妆"的进一步发展，就是产生了"时尚"一词，明代著名僧人莲池大师在《竹窗二笔》中第一次使用"时尚"并为其下定义："今一衣一帽，一器一物，一字一语，种种所作所为，凡唱自一人，群起而随之，谓之时尚"。这是"时尚"在中国最早的阐释，也就是说时尚源于"唱自一人"的表现，可能是服饰、用具、语言等中的一种，随后在人群中带来模仿与流行的现象。至清末，戏曲舞台上女扮男装的现象被称为"髦儿戏"，随之产生"时髦"的概念。紧接着就是我们熟悉的时装画、时装模特、时尚达人等流行语的出现。

的确，在古代中国有等级森严的"舆服制"，有限制奇装异服的"禁服妖"，社会大众的衣生活被严格控制，也由此产生了西方早期以黑格尔、布罗代尔为代表的观点——"一成不变的服装正是社会停滞不前的具体反映"。然而，他们所不知的是，看似安稳的衣生活下，百姓们总能在或安或乱的时代背景下创造出"当时"的"穿文化"，也就此丰盈了绚丽多彩的中国服饰时尚。

而编织服饰的她们，是这个时尚场域的主理人。在以性别进行劳动分工的社会里，女性纺纱织布、裁制衣裳始终都被看作再稀松平常不过的事情，那些贵重的织物上也鲜有她们的名字。在"他们"的故事里，她们用无声的织物为自己诉说，形塑着自我：用什么面料、做成哪种款式、穿什么鞋、佩戴何种首饰……在视觉导向的环境里，她们仅能凭时尚装扮彰显自己的身份，或风姿绰约，或朴实无华……她们一丝一线地创作与制作，装点了她们的生活与生命。

中国女子服饰时尚史料值得用一生去挖掘与研究。走过历史的长河，中国女性"时尚"在变，但其内核都是不变的，那就是通过服饰、妆容、语言等方式，表达个性，追求美，这也体现了人类对美的不断探索和追求。这种探索和追求，让我们更能理解和欣赏每一个时代、每一类群体、每一位女性的独特魅力。在少有女性文人写作的时代，那些藏在纺织品里的"物语"是她们表达自我、诠释生活的哲学。她们的故事被编织在每一寸面料和每一根纱线中，虽然动人心弦，却被视为寻常而被忽略。每一件传统服饰，每一种独特的装饰方式，都是一部丰富的社会历史、性别文化的故事，等待我们去理解、去挖掘。

本书是笔者在学术研究之外的兴趣之笔，不足之处还望读者斧正。